나나샘의 말문이 **빵** 터지는

엄마표 중국어
따라하기

나나샘의 말문이 빵 터지는

엄마표 중국어
따라하기

김노엘 지음

노란우산

내가 엄마표 중국어 조기교육을
결심한 이유

나는 중국어 강사이자 두 아이의 엄마다. 내가 중국어를 가르치는 일을
하고 있기에 내 아이에게도 직접 '엄마표 중국어'를 실행하는 것이 어쩌면
당연하다고 생각할지도 모르겠다. 하지만 사실 나는 십수 년 전부터, 그러
니까 엄마라는 역할과 거리가 먼 스무 살 대학생 때부터 이미 엄마가 되
면 내 아이에게 중국어를 직접 가르치겠노라 결심했다. 고작 스무 살에 도
대체 무슨 일이 있었던 것일까? 결심의 계기가 된 것은 대학교 1학년, 학
교에 휴학계를 던지고 중국으로 갔을 때였다.

중국에 간 지 3개월쯤 된 어느 날, 이모처럼 의지하며 지내던 중국인 아
주머니가 통역을 부탁한다며 오후에 어디를 좀 함께 가자고 했다. 당시는
이제 막 중국어 말문이 트여 띄엄띄엄 말하던 시기인지라 내가 무슨 통역

을 할 수 있을까 싶었지만 기쁜 마음으로 따라나섰다. 택시를 타고 20여 분 정도 달려 도착한 곳은 딱 봐도 꽤 좋아 보이는 아파트 단지. 나는 영문도 모르고 중국인 이모를 따라 쫄래쫄래 안으로 들어갔다. 집 안에는 한국 아주머니 한 분이 소파에 앉아 계셨다. 아주머니와 몇 마디 나눠보니 중국인 가정부를 구한다는 것이었다. 그러니까 입주 가정부를 구하는 면접 자리였다.

이런저런 이야기를 나누고 있는데 웬 아이들 여럿이 요란스럽게 집 안으로 들어왔다. 유아부터 10대 중반의 중학생 정도로 보이는 아이들까지 연령도 성별도 다양한 아이들이 일곱 명쯤은 되는 듯했다. 알고 보니 모두 친척관계인데 중국어를 가르치기 위해 아주머니가 친척 중 대표로 아이들을 데리고 중국에 왔다는 것이다. 그런데 이제 막 중국에 온 아이들치고는 중국어를 너무 잘했다. 중국인보다 더 중국인스러운 발음, 외국인 같지 않은 자연스럽고 유창한 아이들의 중국어 실력은 내가 감히 범접할 수 없는 경지에 오른 듯 느껴질 정도였다. 그도 그럴 것이 당시 나는 발음상의 실수도 잦고 간단한 문장을 말할 때도 한국어 어순이 튀어나오곤 하는 '성인 학습자' 상태였다.

중국인 못지않은 실력의 이 아이들은 도대체 어떻게 중국어를 배운 걸까? 중국에 계속 살았으려니 싶어 물어봤더니, 한국에 있는 집에서 어릴 때부터 중국어를 계속 접했고 중국에 온 지는 이제 한 달이 되었다고 했다. 나에게는 너무나 큰 충격이었다.

나도 한국에서 중국어 공부를 안 한 게 아니었다. 학부생 1년 동안 열심히 중국어를 공부했고 기초서 몇 권을 뗐으며 전공교재는 하도 많이 봐서 몇 페이지에 무슨 문장이 나오는지 알 정도였다. 하지만 나는 여전히 성조를 틀리는 실수를 가끔 했고, 중국어 문장이 조금만 복잡해져도 곧잘 어순을 틀렸다. 그리고 무엇보다 내 중국어는 한국인스러웠다. 그나마 중국에 온 지 3개월쯤 되어 이제 띄엄띄엄 의사표현을 하고 나름 잘한다고 생각했는데 웬걸. 일곱 살 아이의 중국어에 완전히 졌다. 그날 나는 한참 동안 아이들을 바라보았다. '어쩜 저리 중국인 같은 표현을 할까? 발음은 웬만한 중국인보다 정확하네!' 그리고 그 집을 나오면서 결심했다. '내 아이도 아주 어릴 때부터 중국어를 접하게 해줘야지!'

13년의 세월이 흐른 지금, 나는 여섯 살 아들과 세 살 딸아이와 함께 정말로 행복한 '엄마표 중국어'를 진행하고 있다. 아이들과 함께 중국어 동요를 목청 높여 부를 때면 너무나 신이 나서 율동이 절로 나오고, 무릎에 앉혀놓고 중국어 그림책을 읽어줄 때면 숨죽이고 엄마 목소리에 집중하는 아이가 너무 예뻐서 때론 가슴이 벅차오르기도 한다. 아이의 중국어 말문이 처음 트였을 때는 뛸 듯이 기뻤고, 한 단어가 두 단어가 되고 또 단어가 모여 문장으로 나에게 말을 걸어올 때는 그야말로 감동이었다.

나는 엉덩이 힘으로 책상 앞에 앉아 교재를 달달 암기하는 식의 재미도 없고 감동도 없는 방식으로 중국어를 습득했다. 학교 방학 기간에는 HSK 고급자격증과 통번역자격증을 따기 위해 강남에 손바닥만 한 고시원 방을 얻어 학원과 고시원을 오가는 생활도 해봤다. 중국어를 좋아해 열심히

했지만 그 과정은 힘들기만 할 뿐 재미있지는 않았다.

하지만 지금 우리 아이들과 함께하는 중국어는 그 과정이 너무나 즐겁고 재미있다. 들썩들썩 신나게 중국어 챈트를 따라 하고, 좋아하는 그림책을 골라 중국어로 읽고, 깔깔대며 중국어 애니메이션을 보는 과정에는 스트레스와 따분함이 끼어들 틈이 전혀 없다. 그저 즐거움만 가득하다.

중국의 위상이 높아지고 사회경제적으로 전 세계에 미치는 영향력이 커지는 만큼 중국어 학습의 필요성을 느끼는 사람도 많아졌다. 그러다 보니 자연스럽게 조기 중국어 교육이나 엄마표 중국어에 관심을 갖는 엄마들 또한 늘어났다. 실제로 엄마표 중국어로 수준급의 중국어를 구사하는 아이를 TV나 인터넷으로 보기도 한다.

인터넷에서 엄마와 중국어 동요를 부르는 아이, 중국어로 역할극을 재미나게 하는 아이, 한자를 척척 읽는 아이의 영상을 보게 될 때가 있다. 그런 장면을 보면 나도 모르게 입가에 엄마 미소가 지어진다. 그런데 가끔은 엄마가 아이를 잘못된 방법으로 끌고가거나 다그치는 경우를 볼 수 있다. 그럴 때는 마음이 답답해져 컴퓨터를 꺼버리게 된다. '중국어에 대한 아주 기본적인 이해나 방법만 알아도 더 잘할 수 있을 텐데…' 하는 안타까운 마음은 가득했지만 잘 알지도 못하는 사람에게 함부로 가타부타할 수도 없는 노릇이다.

엄마표 중국어에서 엄마들이 꼭 알아야 할 두 가지가 있다. 하나는 '중

7

국어에 대한 이해'이고, 또 하나는 '내 아이에 대한 이해'이다.

엄마표 중국어는 엄마표 영어와는 다른 접근이 필요하다. 엄마표로 진행한다는 큰 틀은 비슷할지 몰라도 언어 체계와 특징이 다르므로 습득하는 방법과 과정이 다를 수밖에 없다. 이 책에서는 중국어 학습 단계를 나이로 표시했다. 중국어를 처음 시작하는 중국어 나이 0세부터 쓰기를 마무리하는 중국어 나이 5세까지로 나눠 듣기·말하기·읽기·쓰기 방법을 최대한 자세히 안내했다. 그리고 각 단계마다 최대한 다양한 방법을 소개했는데 이는 아이마다 성향이 다르기 때문이다. 책을 좋아해서 그림책을 보면서 중국어를 터득하는 게 잘 맞는 아이가 있는가 하면 책은 거들떠도 보지 않지만 놀이나 게임을 통해 중국어를 익히는 게 잘 맞는 아이도 있다. 또한 노래를 좋아하는 아이는 중국어 동요로 접근하거나 특정 캐릭터를 좋아하는 아이는 그 캐릭터 DVD나 캐릭터 장난감으로 놀이를 하듯 중국어에 접근하면 된다.

이 책을 읽는 엄마들이 책 내용을 모두 내 것으로 만들려고 하기보다는 자신에게 맞는 방법을 선택해 확실히 실천에 옮길 수 있으면 좋겠다. 아무리 눈물이 핑 돌 정도로 감동적으로 읽은 육아서라도 내 생활과 맞지 않으면 금방 잊히고, 아무리 좋은 책도 실천할 수 없는 내용이라면 책을 덮는 순간 의미가 없어지고 만다. 그러나 단 한 줄의 문장이라도 내 삶의 방식과 생활 여건에 딱 맞는다면 그 문장은 나를 변화시키고 내 삶을 바꿀 수 있다. 엄마표 중국어에는 딱 한 가지 길만 있지 않다. 이 책에 소개된 다양한 방법 중 내 아이에게 맞는 방법을 찾아 아이가 진정으로 중국어를 좋아하고 즐길 수 있게 해주는 것! 그것이야말로 엄마가 할 일이다.

마지막으로 이 책을 읽는 엄마들에게 전하고 싶은 말이 있다.

엄마가 아이의 중국어 실력을 원어민처럼 만들겠다고 다짐하면 엄마의 어깨는 무겁고 아이를 버겁게 만들어 중도 포기해버릴 수 있다. 대신 엄마가 아이와 중국어를 즐기면서 아이 스스로 중국어를 배우고 싶게 만드는 것이 현명한 엄마표 중국어임을 잊지 말았으면 한다. 그렇게 한다면 아이의 중국어 실력은 당연히 향상될 것이고 엄마 역시 중국어로 아이와 교감하며 성장하는 일석이조의 시간을 갖게 될 것이다. 이 얼마나 가치 있고 즐거운 일인가. 이 책을 읽는 모든 독자들이 나와 같은 경험을 하길 바란다.

차례

Part·1

준비>> 엄마표 중국어를 시작하세요

Chapter 1 아이의 중국어 친구가 되어주자

Chapter 2 내 아이만의 방법을 찾자

Part · 2

실전〉〉 지금 당장 시작하세요

Chapter 1 중국어 나이 0세 - 가볍게 들려주기

Chapter 4　중국어 나이 3세 - 자연스럽게 말하기

Chapter 5　중국어 나이 4세 - 한자 읽기 시작하기

Chapter 6　중국어 나이 5세 - 한자 쓰기 시작하기

Part·3

도전》 엄마표 홈스쿨링 성공 노하우

Chapter 1 아이와 함께 엄마도 중국어를 공부하는 4단계

Chapter 2 엄마표 중국어 습관 굳히기

Chapter 3 엄마표 중국어를 하며 중국어 자격증까지

Part·1

준비

엄마표 중국어를
시작하세요

아이의 중국어 친구가 되어주자

"저는 중국어를 모르는데 아이에게 어떻게 중국어를 가르치죠?"라고 물어본다면 나는 엄마표 중국어는 엄마가 가르치는 것이 아니라 엄마와 함께 즐기는 것이라고 말하고 싶다. 내가 생각하는 엄마표 중국어는 완벽하고 전문적이고 대단한 중국어 능력을 아이에게 선사하는 것이 아니다. 엄마표라는 것 자체가 근본적으로 엄마가 완벽한 선생님이 되라는 의미는 아니기 때문이다. 엄마표 중국어의 목적은 엄마와 함께 중국어를 공부하며 즐기는 과정에서 아이가 중국어에 흥미를 갖게 하고 배우고 싶은 마음이 싹트게 하는 것이다. 그럼 이제부터 내 아이가 진정으로 좋아하고 즐기는 마음을 갖게 해줄 수 있는 방법을 찾아보자.

중국어 강사가
엄마표 중국어를 '권하는' 이유

결혼 전 나는 유아부터 성인까지 모든 연령대의 중국어 수업을 두루 맡았다. 한번은 과외하는 학생 중에 이런 아이가 있었다. 열 살 된 아이였는데 의자에 가만히 앉아 있지 않고 수업에 영 집중을 하지 못했다. 책상 밑에 들어가 한참을 앉아 있기도 했고 다리를 책상 위에 올려놓고 수업을 받기도 했다. 20대 아가씨였던 나는 이렇게 유별난 아이를 겪어보지 못했던 터라 적잖이 당황스러웠다. 그런데 수업을 한두 차례 진행하면서 아이가 예의가 없다기보다는 중국어에 전혀 흥미가 없기 때문이라는 걸 알게 되었다. 다시 말하면 중국어를 배우기 싫었던 것이다.

사실 이 아이는 아주 어릴 때부터 사교육 기관에서 중국어를 꾸준히 배워왔는데 그런 것치고는 실력이 많이 부족했다. 어릴 때 중국어를 시작했기 때문에 발음은 아주 좋았지만 그게 전부였다. 중국어 실력이나 흥미도는 굉장히 낮았다. 유치부 때부터 중국어를 배웠지만 자기가 하고 싶어서가 아니라 엄마의 강요에 의해서였다. 내가 아이를 만났을 땐 이미 여러 학원을 거치고 다양한 선생님을 만난 후였다.

이 아이를 어떻게 가르치면 좋을지 고민한 끝에 같이 놀면서 즐겁게 중국어를 익힐 수 있도록 하는 방식을 택했다. 간단한 게임이나 노래 같은 활동을 준비해서 아이와 중국어로 놀았다. 한번은 아주 무더운 여름이었는데 세숫대야에 얼음물을 담아 발을 담그고 신나게 중국어 여름 동요를 불렀다. 노래를 부르다가 서로 너무 신이 나서 덩실덩실 춤을 춘 기억이 난다.

시간이 지나면서 아이의 수업 태도가 조금씩 바뀌기 시작했다. 책상 밑으로 기어들어가서 수업을 듣던 모습이 사라졌고 중국어에 대한 호감도 생겼다. 1년 반쯤 뒤에는 중국어 자격증에도 도전해 좋은 결과를 얻었고 말하기대회에서도 입상을 했다. 물론 스스로 하고 싶다는 의지가 낳은 결과였다.

나중에 안 사실이지만 이 아이는 주의력결핍과잉행동장애(ADHD)가 있어서 산만한 행동을 한 것이었다. 그렇지만 아이의 바뀐 모습을 보면, 처음에 중국어에 집중을 못하고 수업을 거부했던 게 꼭 그 증상 때문만은 아님을 알 수 있었다. 몇 년째 자신의 흥미나 동기와 상관없이 엄마에게 등 떠밀려서 억지로 중국어를 배워온 탓이 더 크지 않을까?

또 다른 한 아이는 나와 처음 만날 당시 아홉 살이었는데, 이미 2년 정도 엄마를 통해 중국어를 조금 접한 아이였다. 중국어 동요로 시작해서 다양한 중국어 책을 접했고 주로 DVD를 보며 중국어를 익혔다고 했다. 무엇보다 중국어를 배우고자 하는 열정이 커서, 수업이 끝나도 바로 책을 덮지 않고 그 자리에서 숙제를 끝마치고는 궁금한 것을 물어볼 정도였다. 내가 놀란 것은 아이의 실력이 아니라 중국어를 배우고 싶어하는 아이의 열정이었다. 동기부여만 잘 된다면 아이들의 외국어 실력이 일취월장하는 것은 시간문제이기 때문이다.

어릴 때 중국어를 배우면 정확한 발음, 원어민 못지않은 중국어 구사 능력을 얻을 수 있다는 장점이 있다. 그러나 내가 더 중요하게 생각하는 것은 중국어에 대한 긍정적 감정과 충분한 동기부여다. 많은 아이들을 만나 중국어를 가르친 경험에 비추어볼 때 중국어에 긍정적이고 스스로 동기부여가 된 아이들만이 행복하게 중국어를 배울 수 있다. 자격증을 따야 해서, 엄마가 시켜서, 대학에 가야 해서 중국어를 배우는 아이들은 진정한 실력을 쌓기 힘들뿐더러 무엇보다 그 과정이 불행하다.

나와 수업을 하는 아이들 중 동생이 있는 경우에는 부모님들이 동생의 수업을 요청해오기도 한다. 그러면 나는 이렇게 권한다. 아이가 아직 어리다면 수업보다는 엄마가 집에서 중국어 동요를 함께 듣는 것부터 시작하는 게 나을 수 있다고 말이다. 아이가 정말 선생님과 공부하고 싶어서 "선생님한테 중국어 배우고 싶어요!" 하는 게 아니라면 '엄마표'로 먼저 시작해볼 것을 적극 권한다.

어린아이들의 경우 아이 한 명 한 명의 성격과 기질의 차가 매우 크다. 그런데 개개인의 특성을 고려해가며 중국어를 가르쳐주는 기관은 찾기 힘들다. 아이의 표정 하나 마음까지 이해하고 끝까지 사랑으로 이끌어주는 일에 있어 엄마만 한 사람은 이 세상에 없다.

아이들은 다듬어지지 않은 원석과 같다. 이 보석 같은 아이들은 한 시간씩 앉아 학원교육을 받을 준비도 되어 있지 않을 뿐 아니라 획일화된 교육을 받기에도 아직은 어리다. 어떤 아이는 노래를 좋아하지만 그림 그리기를 싫어하고, 어떤 아이는 그림 그리기를 좋아하지만 책 읽기를 싫어하고, 또 어떤 아이는 책을 좋아하지만 몸을 움직여 활동하기는 싫어한다.

타고난 성격이나 기질을 무시한 학습 방법에 아직 적응하기 어려운 어린아이들은 흥얼흥얼 중국어 노래를 부르는 것이 더 즐겁고, 엄마 무릎에 앉아 엄마가 읽어주는 중국어 동화를 듣는 게 더 익숙하며, 엄마와 함께 중국어 DVD를 보며 깔깔거리는 게 더 재미있다. 주입식으로 학습을 하기보다는 엄마랑 중국어로 소꿉놀이, 블록놀이를 하는 것이 훨씬 더 자연스럽다.

중국어를 배우는 과정을 '공부'가 아닌 '즐거운 놀이'로 바꾸는 유일한 방법은 바로 유아기에 중국어를 접하는 것이고 아이를 가장 잘 이해하는 엄마가 중국어 친구가 되어주는 것이다. 학교에서는 시험을 보지만 엄마와의 수업에서는 시험을 보지 않는다. 선생님은 정해진 시간에, 정해진 교과서로 수업을 하지만 엄마는 정해진 시간도, 교과서도 없다. 아침에 눈떠서 잠들 때까지 함께 보내는 시간이 선생님과 비교할 수 없을 정도로 길다. 집 안의 모든 사물이 살아 있는 교재가 될 수 있고, 함께 노래를 부르면서 추억을 만들고 책과 영상을 보면서 중국어를 배워나갈 수 있다. 언제든 사랑이 필요할 때는 "워아이니(我爱你, 사랑해)"라고 속삭여주고 매일같이 잠자리를 챙기며 "완안(晚安, 잘 자)"이라고 말해줄 수 있는 사람은 엄마뿐이다. 아이의 성격과 성향을 잘 이해하고 동기부여를 할 수 있는 사람, 포기하지 않고 인내심으로 끝까지 기다려줄 수 있는 사람은 선생님이 아니라 엄마이기 때문이다.

엄마표 중국어로 엄마가 성장한다

비교적 일찍 결혼한 편인 나는 아이를 낳기 전에는 미처 몰랐다. 아이가 태어나면 내 인생이 송두리째 바뀔 수도 있다는 것을.

'아기를 낳으면 친정엄마가 도와준다고 했으니까. 남편이 이해해준다고 했으니까. 내가 좀 부지런해지면 되니까⋯.' 이런 막연한 생각으로 출산예정일을 3일 앞두고 서울 이화여대까지 가서 대학원 면접을 보고 왔다. 걱정 어린 남편의 시선이 따갑게 느껴졌지만 너무나 기다려왔던 일이었기에 그런 불편한 마음은 눈 딱 감고 모르는 척했다.

진통은 진통대로 다 겪고 지친 몸으로 결국 제왕절개 수술로 아기를 낳던 날. 그날부터 시작되었나 보다. 준비되지 않은 엄마의 눈물 나는 인생이. 수술 후 땅기는 배를 부여잡고 수유실을 찾아 작디작은 아기를 안았을 때, '이 작은 아이가 정말 내가 낳은 아이인가?' 싶어 한참을 물끄러미 바라보았다. 그때까진 아이만 낳으면 저절로 엄마가 되는 줄 알았다.

현실감 없고 철없는 초보엄마는 집으로 돌아와 산후조리를 하면서 비로소 조금씩 깨달았다. 내 인생에 아이가 더해져서 '엄마'가 되는 것이 아니라 내 인생 전부와 맞바꿔 '엄마'가 되는 것임을.

두세 시간에 한 번씩 수유하기, 어깨에 기대놓고 트림 시키기, 틈나는 대로 기저귀 갈기, 아기 자는 동안 젖병 씻기와 아기 옷 손빨래하기. 내 모든 시간과 시선이 아기에게 맞춰졌다. 나는 언제 밥을 먹을 수 있는 건지,

씻을 틈이나 있는 건지, 언제쯤 모자란 잠을 마음 놓고 잘 수 있는 건지 알수가 없었다. 이런 날이 계속되면서 나도 모르는 사이 우울해졌고 행복하지 않았다.

첫 아이가 100일도 채 안 되던 날, 대학원 수업이 시작되었고 프리랜서로 작은 일도 병행하게 되었다. 아무것도 모르는 생초짜 엄마 주제에, 제대로 할 줄 아는 요리 하나 없는 빵점 주부 주제에, 학업에 더해 일까지 하려니 숨이 턱턱 막히는 하루하루가 이어졌다. 하루 수면 시간이 4시간을 넘기는 날 없이 모든 일을 잘해보려고 최선을 다했으나 아무도 나에게 잘했다는 사람이 없었다. 수고했다, 애썼다고 위로하기는커녕, 오히려 나를 모성애 없는 엄마나 욕심 많은 여자로 치부했다. 이러다가는 일도 가정도 부서질 것 같았고 무엇보다 내가 무너져버릴 것만 같았다. 내 인생에서 가장 눈물 많고 힘들고 우울했던 시기. 바로 첫 출산 후 1년이다.

'대학원을 휴학하자. 내 인생의 1순위를 내 가정, 내 아이로 하자'라고 결심했다. 물론 내 일에 있어서만큼은 나조차 말릴 수 없는 열정이 꿈틀거려 일에서 아예 손을 놓을 순 없었지만, 우선순위를 정하고 나니 무리하지 않는 선에서 내가 할 수 있는 일과 할 수 없는 일이 명확해졌다. 나는 여전히 부족한 엄마였고 모자란 주부였지만 마음이 한결 가벼워졌다.

그 즈음 나는 엄마표 중국어를 실행에 옮길 여유가 생겼다. 앞에서 말했듯이 엄마표 중국어는 대학 시절부터 마음먹은 일이었지만, 그간 실제로 적용할 수 있는 여력이 전혀 없었다. 첫 아이가 아들이고 말이 늦게 트이는 축에 속했기 때문에 애초부터 여느 영재들처럼 중국어를 깜짝 놀랄 만큼 잘하리라고는 기대하지 않았다. 나는 그저 내가 할 수 있는 만큼 최대한 표현하고 채워주고 싶었다. 그간 최선을 다했지만 모자랄 수밖에 없었던 엄마의 빈자리를.

첫째가 아기일 적에 "뒤통수가 납작한 게, 엄마가 아기 순하다고 눕혀놓기만 했네" 하는 소리를 어른들께 제법 들었다. 그럴 때마다 "엄마, 아빠 닮아 유전이에요"라고 말하면서도 괜히 가슴 한구석이 찌릿하게 아파오곤 했는데, 아마도 1년 동안 아이와 마주보며 좀 더 놀아주고 더 많은 사랑을 표현하지 못했기 때문일 것이다.

그때부터라도 내가 할 수 있는 모든 것을 아이에게 표현하고 전해주고 싶었다. 중국어로 노래를 불러주고 동화책을 읽어주고 말을 걸어주는 일은 아빠도 할머니도 어린이집 선생님도 해줄 수 없는 나만의 특별한 사랑 표현이 되었다. 아무도 해줄 수 없는 특별한 일을 내가 해주고 있다는 것이 어쩌면 나를 더 신나게 했는지도 모르겠다. 그러는 사이 나도 모르게 마음이 점점 치유되어가고 있었다. 첫째 출산 후 찾아온 우울감과 아이에게 100퍼센트 최선을 다하지 못했다는 죄책감 같은 복잡한 감정들이 안개 걷히듯 점점 사라졌다.

얼마 지나 둘째를 낳았다. 당시 산후조리 기간에는 이상하리만큼 매일같이 웃음이 나왔다. 하루하루가 꽃길을 걷는 듯 행복했다. 첫째 출산 후 주위의 모든 말들이 비수가 되어 가슴에 박히던 시절과 달리 그때는 누가 뭐라고 하든 전혀 문제가 되지 않았다. 마음이 건강해졌고 나 자신에게 더욱 당당해졌기 때문일 것이다. 엄마표 중국어를 통해 아이와 단둘이 누구

내가 엄마표 중국어를 하는 이유는 아이들과 함께하면서 내 마음이 치유되고 아이들과의 특별한 소통창구가 있다는 것만으로도 괜찮은 엄마가 된 기분이 들기 때문이다.

도 침범할 수 없는 특별한 시간을 보냈다는 것만으로도 엄마로서의 자존감이 높아져 있었다.

둘째 아이가 말을 빨리 하게 된 데다 중국어든 영어든 하나를 말해주면 하나 그대로를 뱉어내는 아이다 보니 엄마표 중국어가 더욱 재미있어졌다. 아이 둘을 앉혀놓고 중국어 책을 읽어줄라치면 서로 엄마를 차지하려고 먼저 하겠다며 싸우는 요즘은 엄마표 중국어가 더욱 신이 난다. 누가 인정해줘서가 아니다. 내 아이의 중국어 실력이 대단해서도 아니다. 무엇보다 내 마음이 치유되고 '나와 아이만의 특별한 소통창구가 있다'는 것만으로도 괜찮은 엄마가 된 기분이다.

아이를 낳았다고 모성애가 저절로 생기는 것도 아니고 여자라고 해서 처음부터 엄마로 태어나는 것도 아니다. 아이를 낳아 엄마가 된 순간부터 조금씩 엄마로 성장해가는 것 아니겠는가. 나에게는 엄마로 성장해가는 과정의 중심에 엄마표 중국어가 있었다. 아빠도 다른 누구도 대신할 수 없는 엄마만의 것. 그래서 엄·마·표.

엄마표 중국어로 아이만 중국어를 배워나가는 건 아니다. 엄마도 함께 자란다. 아빠바보인 우리 아들은 "엄마가 좋아, 아빠가 좋아?" 하고 물으면 두 돌까지는 섭섭하게도 항상 아빠라고 대답했다. 그러나 엄마표 중국어를 시작하고 아이와 둘만의 영역을 통해 사랑을 더욱 표현하면서부터 아이는 이제 엄마가 더 좋다고 말한다. 그만큼 아이와 교감을 이루게 된 것 같아 기분이 좋다.

고백하건대 엄마표 중국어를 하면서 나는 산후우울증이 사라졌고 육아가 더욱 즐거워졌으며 아이들이 더욱 사랑스럽게 느껴졌다. 그리고 아이들의 미래에 대한 생각을 자주 하게 되었고 아이들의 더 큰 미래를 상상하게 되었다. 우리 아이들이 장차 자신의 분야에서 역량을 펼칠 때 중국어가 가진 힘이 더욱 빛을 발할 것이라 생각하면 오늘도 힘이 난다.

어설퍼도 좋다, 엄마는 중국어 친구

나는 준비된 엄마도, 완벽한 엄마도, 친절한 엄마도, 부지런한 엄마도, 솜씨 있는 엄마도 절대 아니었지만 내 아이에게 더 좋은 것을 주고 싶은 엄마, 더 큰 사랑을 전해주고 싶은 엄마, 내 아이와 더욱 특별하고 소중한 추억을 갖고 싶은 보통의 엄마였기에, 그런 의미에서 '엄마표'라는 단어가 참 좋았다. 비록 조금 어설퍼도 조금 힘들어도 '나는 엄마니까' 그 모든 부족함을 채울 수 있었다.

내가 생각하는 엄마표 중국어는 완벽하고 전문적이고 대단한 중국어 능력을 아이에게 선사하는 것이 아니다. 엄마와 즐기는 과정에서 아이가 중국어에 흥미를 갖게 되고 배우고자 하는 마음이 싹트는 것이 가장 성공적인 엄마표라고 생각했고 그 생각에는 지금도 변함이 없다.

엄마표 중국어라 해서 어려워 보이는가? 영어도 아니고 중국어라 하니 범접하지 못할 산처럼 느껴지는가? 나는 '엄마표'에 있어 영어와 중국어는 큰 차이가 없다고 생각한다. 엄마표라는 것 자체가 근본적으로 엄마가 완벽한 선생님이 되라는 의미는 아니기 때문이다. 엄마가 영어를 잘해서 엄마표 영어를 하는 걸까? 아니다. 도리어 자신이 영어를 잘 못했기 때문에 아이만큼은 영어에 자신감을 갖고 살기를 바라는 마음으로 시작하는 엄마들이 훨씬 더 많다. 그 과정에서 자신의 부족한 영어 실력을 아이와 함께 채워나가는 것이다. 중국어 역시 아이와 함께 첫발을 내딛으며 얼마든지 시작할 수 있다.

엄마표 중국어를 시작하면서 원어민 수준의 중국어 실력을 갖추겠다고 결심할 필요는 없다. 그보다는 아이와 중국어를 정말 진심으로 즐기겠다는 결심이 필요하다. 어디까지가 엄마표 중국어일까? 아이를 원어민 수준으로 이끌어주는 게 진정한 엄마표일까? 절대 그렇지 않다. 잊지 마라! 엄마표 중국어의 첫 번째 목표는 내 아이에게 맞는 방법을 찾아 중국어를 진정으로 좋아하고 즐기는 마음을 갖게 해주는 것이다!

중국어를 전혀 모르는 '직장맘'인데 엄마표 중국어를 하고 싶다면 어떻게 해야 할까? 어렵게 생각할 필요 없다. 그냥 아이와 함께하는 시간 중 일부를 중국어로 놀아주면 된다. 함께 중국어 동요를 부르고 단어카드를 보면서 중국어 친구가 되어주면 된다. 완벽한 발음으로 노래를 완창하지 않아도 된다. 흘러나오는 중국어 동요에 맞춰 재미있게 따라 부르고 아이

에게 "잘한다, 잘한다" 물개 박수 쳐주는 것으로 시작하면 된다. 단어카드 300장을 모조리 외우지 않아도 된다. 오늘 함께 배우고 싶은 단어카드

엄마표 중국어의 목적이 중국어를 좋아해서 즐기는 아이로 키우는 것이라면 너무 걱정하지 말고 그저 즐기는 마음으로 매일 꾸준히 실천해보자.

5장을 꺼내 아이와 어떤 발음인지 소리펜(세이펜)으로 찍어보고 함께 듣고 따라 하면 된다. 가끔은 아이에게 져주기도 하고 가끔은 강력한 라이벌이 되기도 하면서 중국어를 함께 배워나가는 친구가 되어주는 것이다.

'엄마표 중국어'의 방향을 제대로 잡자. 엄마가 아이를 중국 원어민으로 키워내려는 것인가. 아니면 중국어를 좋아해서 즐기는 아이로 키우려는 것인가. 두 번째라면 더 이상 겁먹을 것도, 걱정할 것도 없다. 그저 아이와 즐기는 마음으로 거르지 말고 매일 실천하면 된다. 그러다가 아이가 "중국어를 배우고 싶어요!", "나, 중국 사람이랑 말해보고 싶어요!" 하고 졸라대는 날 만세를 부를지도 모른다. 그러면 게임오버다. 굳이 많은 지식을 전달하려 애쓰지 않아도 아이와 함께 꾸준히 즐기다 보면 아이가 스스로 배우고 싶어하는 날이 오는 것이다.

공자의 『논어』 중에 누구나 한 번쯤은 들어봤을 유명한 말이 있다.

"아는 사람은 좋아하는 사람만 못하고, 좋아하는 사람은 즐기는 사람만 못하다(知之者, 不如好之者; 好之者, 不如樂之者)."

엄마표 중국어에서 엄마의 가장 큰 역할은 아이가 정말 진심으로 즐길 수 있도록 그 시작을 도와주는 것, 함께하는 것, 응원하는 것이다.

아이가 즐기게 되면 내가 굳이 지식을 넣어주려고 하지 않아도 스스로 찾아 배운다. 이것이 엄마가 조금 어설퍼도 괜찮은 이유다. 엄마는 지식 전달자가 아니다. 많은 중국어를 머릿속에 넣어주려고 애쓰지 마라. 더 중요한 것은 따뜻한 마음을 담아 시작하는 것이다. 어설퍼도 괜찮으니까.

엄마, 나만의 방법 찾기

'육아에 정답은 없다'는 말을 두 아이가 커갈수록 더욱 절절히 느낀다. 옆집 엄마와의 육아 수다도, 육아 선배의 진심 어린 조언도, 전문가의 해박한 지식도, 영재 여럿을 길러낸 유명 엄마의 경험담도 내가 처한 상황과 맞지 않으면 아무 소용이 없다.

어느 육아서적을 읽다가 눈물이 핑 돌 만큼 감동받았다고 해도 내 생활과 맞지 않는 방식은 금방 잊히고 만다. 아무리 좋은 내용이라도 내가 실천할 수 없고 적용 불가능한 내용이라면 마지막 책장을 덮는 순간 나와는 이미 관계없는 일이 되어버린다. 그러나 한 권의 책 속에 담긴 단 한 줄의 문장이라도 내 삶의 방식과 생활조건에 딱 맞는 방법이라면, 그 한 문장은 나를 변화시키고 나의 삶을 바꿀 수 있다.

엄마표 중국어에 딱 하나의 길만 있는 것은 아니다. 책으로 다가갈 때 쉽게 풀리는 아이가 있는가 하면, 책보다는 놀이활동으로 접근해야 비로소 엄마표 중국어가 진행되는 아이도 있다. 아이마다 접근 방법이 달라야 하는 이유다.

그런데 '아이의 성향과 관심사에 따라 방법을 다르게 하는 게 좋다'는 것은 엄마들이 잘 아는 데 반해 쉽게 간과하는 것이 있으니, 바로 '엄마' 자신이다. 아이마다 연령, 성향, 관심사가 다르듯 엄마들도 각자의 성격, 중국어 능력, 할애할 수 있는 시간과 노력이 모두 다르게 마련인데, 남들과 똑같은 방법으로 하려니 막막하고 시작이 어렵다. 중국어를 잘할 수도 못할 수도 있고, 아이와 함께 보내는 시간이 많을 수도 적을 수도 있다. 또 엄마표 중국어에 적극적일 수도 있고 보조적 역할만 원할 수도 있다. 엄마의 상황이 다양한 만큼 방법도 다양해야 한다. 한 가지 방법에 나를 맞출 필요는 없다. 자신의 상황에 맞게 시작해야 한다.

엄마표 중국어에 있어 누구에게나 다 들어맞는 정답은 없지만 자신만의 명답은 있다는 사실을 잊지 말자. 자신이 할 수 있는 최선의 방법을 찾아 실천에 옮기는 것이 그 어떤 방법보다 훨씬 효과적이다.

다음의 유형을 보면서 나는 과연 어떤 엄마표 중국어를 진행하면 좋을지 진지하게 생각해보는 시간을 갖자.

엄마가 함께할게! 아이의 옆에서 친구가 되어주는 엄마

중국어를 잘 모른다. 그러나 함께 배워나갈 의지가 있고 시간을 내서 공부할 수 있다. 아이의 보폭에 맞춰 나도 한 걸음씩 함께 나아가고 싶다. 아이가 중국어를 배워가는 과정 속에서 나도 중국어를 배워 나 자신을 발전시키고 싶다. 아이와 함께 나도 성장하고 싶다. 아이와 한 단계 한 단계 함께하는 과정이 힘들지만 모두 소중한 추억이라 생각한다.

→ 이 책의 Part 2 '실전 편'을 순서대로 차근차근 실행에 옮겨보자. 또 엄마의 중국어 공부와 관련해서는 Part 3 '엄마표 홈스쿨링 성공 노하우'를 자세히 읽어보면 도움이 될 것이다.

엄마가 응원할게! 아이 뒤에서 조용히 지원하는 엄마

아이가 중국어를 좋아하는데 나는 안타깝게도 중국어를 못하고 배울 시간도 마음의 여유도 없다. 하지만 아이가 원하는 자료, 아이에게 딱 맞는 자료를 찾아 적기에 제공해줄 수 있다. 아이가 원하는 대로 가고 싶어 하는 방향으로 놓아두고 아이가 주도하는 '아이표 중국어'를 하고 싶다. 엄마가 중국어로 책을 읽어주지는 못해도 재미있고 다양한 자료를 찾아 준비할 수 있는 부지런함이 있다. 엄마가 중국어로 노래를 불러주지는 못해도 아이의 중국어 노래에 무한 칭찬과 진심 어린 응원을 해줄 수 있다.

→ 아이의 중국어 학습에 필요한 적절한 자료를 찾아 적기에 제공해주는 것이 엄마의 가장 큰 역할이다. 이 책의 단계별 추천도서나 DVD 목록을 참고한다.

중국어에 흥미를 갖고 있거나 스스로 중국어를 찾는 아이라면 가장 이상적이지만, 만약 아직 중국어의 매력에 빠진 상태가 아니라면 아이가 흥미를 붙일 수 있는 방법을 먼저 생각해봐야 한다. Part 1 Chapter 2 '내 아이만의 방법을 찾자'를 참고해보자.

엄마가 안내할게! 앞에서 가이드가 되어주는 엄마

대단한 중국어 실력을 갖추지는 못했지만 간단한 중국어는 할 수 있다. 아이에게 중국어의 매력을 알려주고 싶다. 중국어를 진정 즐기는 아이, 깊이 있는 중국어 능력을 가진 아이로 키우고 싶다.

→ 엄마가 중국어를 할 수 있다면 생활중국어나 놀이중국어에도 도전해보자. 엄마와의 직접적인 커뮤니케이션을 통해 아이들이 중국어를 더욱 생생하게 느낄 수 있기 때문이다(176쪽 '우리 집 차이니즈 존 초간단 문장' 참조, 196쪽 '아이와 놀이에서 사용할 수 있는 추천 문장' 참조).

이 경우 엄마도 선생님도 아닌 어설픈 '엄마선생님'이 되지 않도록 주의할 필요가 있다. 자신이 아는 만큼 아이의 실수가 눈에 띌 것이다. 아이가 중국어를 틀리거나 잘 못할 때 지적하거나 무작정 바로잡으려 들지 말자. 엄마가 들려주는 문장과 책, DVD 등을 통해 아이는 자연스레 차차 올바른 문장을 알아갈 테니!

내 손안의 중국어 선생님,
나나샘의 유튜브 채널 활용법

누군가 매일 내 아이에게 중국어 책을 읽어준다면, 누군가 매일 내 아이에게 중국어 동요를 불러준다면, 엄마에게 필요한 중국어 회화를 강의해주는 선생님이 바로 옆에 있다면 엄마표 중국어가 얼마나 쉬워질까?

중국어를 전공하지 않은 엄마들에게 중국어는 영어보다 낯설고 접근하기 어려운 외국어임에는 틀림없다. 엄마표 중국어를 하고 싶지만 어떻게 접근해야 할지 모르겠고, 어렵게 느껴진다면 필자의 유튜브 동영상 강의를 적극 활용해보자.

나는 2014년 엄마표 중국어를 하는 엄마들을 만나면서 발음에 자신이 없어서 혹은 단어의 정확한 의미를 잘 몰라서 아이에게 동화책을 읽어주지 못하는 엄마들이 많다는 사실을 알게 되었다.

몇 줄 안 되는 쉬운 문장이라 한 번 연습하면 아이에게 수십 수백 번 반복해서 읽어줄 수 있을 텐데 시작하지 못하는 엄마들이 안타까워 2015년 1월 1일부터 '곰솔이 동화' 강의를 내 블로그에 올렸다. 가벼운 마음으로 시작했는데 엄마들의 반응이 생각보다 놀라웠다. 곰솔이 동화는 중국어를 가르치려는 엄마들이 가장 많이 갖고 있는 책인데 읽어줄 엄두를 못냈던 엄마들이 드디어 책을 꺼내 열심히 따라 읽기 시작했다는 반가운 소식을 전해왔다.

일주일에 한 번씩 총 16편의 강의 영상을 블로그에 올리는 동안 '드디어 실천하게 되었다'는 엄마들의 '간증'을 들을 때마다 보람을 느꼈다. 곰솔이 동화 강의를 마친 후에는 생활중국어나 중국어 동요 강의를 촬영해 무료로 시청할 수 있는 유튜브 채널 '나나샘 중국어'를 개설했다.

나나샘 중국어 강의 영상에는 엄마들이 보는 엄마표 중국어 생활회화 외에 아이들이 직접 볼 수 있는 동화 구연 영상이나 단어를 익힐 수 있는 영상들이 있다. 엄마와 아이의 중국어 실력을 쑥쑥 키워줄 수 있는 다양한 영상이 지속적으로 업로드되고 있으니 '나나샘 중국어'에 들어가 구독 신청하여 매주 업데이트되는 영상으로 엄마표 중국어에 활력을 더하자.

유튜브 채널 '나나샘 중국어'
https://www.youtube.com/user/noel36910605

말이 필요 없는 중국어의 미래가치

우리나라 어디를 가도 요즘은 심심치 않게 중국인을 만난다. 신촌이나 명동 같은 곳에서는 한국어보다 중국어가 더 많이 들리고 한글보다 한자가 더 많이 눈에 띄는 한국 같지 않은 한국이 된 지 이미 오래다. 중국인들만 흔히 볼 수 있는 게 아니다. 중국산(made in china)을 빼놓고는 도저히 생활이 되지 않을 정도로 중국산 제품도 우리 생활에 깊게 파고들어와 있다.

예전에 아이와 함께 EBS 프로그램 〈위인극장〉을 보다가 역관이라는 조선시대 직업을 알게 되었다. 역관은 지금의 통역사와 같은 것으로 당시 외교에서 중요한 역할을 했던 사람들이다. 역관은 사신과 함께 중국에 파견되어 통역 임무를 수행하는 과정에서 날마다 새롭게 변화하는 신문물(新文物)을 직접 눈으로 보고 경험하는 특별한 사람들이었다. 다양한 과학서적뿐 아니라 망원경, 시계, 고추, 감자 등 당시 조선에는 없는 새로운 문물이 역관을 통해 알려지고 도입되었다고 한다.

방송을 보고 난 뒤 역관에 대해 궁금해져서 검색도 해보고 책도 찾아보았다. 뛰어난 어학능력뿐 아니라 외교, 무역전문가로 성장해 양반사회에서 신분차별의 서러움에도 불구하고 부와 명예를 거머쥐었다는 사실이나를 너무나 설레게 했다.

중국은 지리적으로나 역사적으로 우리나라와 떼려야 뗄 수 없는 이웃

지간이다. 과거에도 늘 그랬듯 중국은 우리 생활에 크고 작은 영향을 끼친다. 앞으로 다가올 미래에는 그 영향력이 더 크면 컸지 작아지지는 않을 것이라 확신한다.

'G2(Group of Two)'라는 말을 들어본 적 있는가? G2는 세계 경제 질서와 안보 등 세계의 주요 이슈를 이끌어가는 영향력 있는 두 나라로, 미국과 중국을 말한다. 이제는 모두가 인정하듯 중국은 정치, 경제적으로 이미 전 세계에 대단한 영향력을 행사하고 있다. 미국 오바마 전 대통령의 딸이 중국어를 배워 후진타오 주석과 중국어로 대화하고, 러시아 푸틴 대통령의 딸이 중국어에 능통하며, 세계의 리더들이 자녀들에게 중국어를 가르친다는 소식을 이미 오래전에 들었다. 작고한 경영학자 피터 드러커는 "아이들에게 중국어를 가르치는 것이 가장 효과적인 투자"라고 이야기했다.

중국어 학습의 필요성이나 가치에 대해 논할 단계는 이미 넘어섰다. 우리 아이들이 어떻게 하면 더 쉽고 즐겁게 잘 배울 수 있을지가 관건이다. 나는 아이가 어릴 때 엄마와 함께 보내는 시간의 힘이 아이의 삶에 대단히 큰 영향을 끼친다고 믿는다. 특히 아이가 어릴 때는 엄마와 보내는 시간이 가장 길고 아이에게 엄마가 절대적인 존재이기 때문에 이 시기를 엄마가 아이와 어떻게 가치 있게 보내느냐에 따라 아이의 미래도 크게 달라질 것이라고 생각한다.

나는 가끔 어린 시절로 돌아갈 수 있다면 다른 무엇보다 외국어 공부를 일찍 시작할 거라는 허무맹랑한 상상을 하곤 한다. 정말이지 그럴 수만 있다면 최대한 어릴 때부터 외국어를 시작할 것이다. 외국어를 구사할 줄 안다는 것은 나를 더 넓은 세계로 안내해줄 티켓을 손에 거머쥐는 것이라고 생각하기 때문이다. 외국어 자체를 목표로 하는 것이 아니라, 외국어를 통해 더 넓고 새로운 세계에서 나의 역량을 발휘하려면 성인이 되기 훨씬 전 아주 일찍부터 외국어를 시작해야 한다.

20대 이상의 성인이 되어서도 외국어에 발목이 잡혀 자신이 나아가고자 하는 전문 분야의 지식과 경험을 쌓지 못하고 외국어 공부에 '올인'하거나 외국어 스펙을 쌓고 있는 이들이 우리 주위에 꽤 많지 않은가. 원하는 일을 하려는데 외국어가 걸림돌이 되어, 자신의 전문 분야에서 맹활약을 해야 하는 중요한 시기에 외국어 공부에 많은 시간을 할애해야 한다는 것은 참 안타까운 일이다.

공부가 아닌 습득으로 중국어를 배울 수 있는 유일한 시기에 '엄마표 중국어'는 더 넓은 세계로 안내해줄 티켓을 아이에게 선물하는 것과 같다고 생각한다.

아이들에겐 쉬운 중국어 발음

흔히 중국어는 어렵다는 편견이 있다. '중국어는 성조가 있어서 발음이 어렵다'는 것이다. 사실 이런 말들은 중국어 입문만 맛본 성인 학습자에게서 나왔을 가능성이 높다. 내가 알고 있는 중국어 학습자들은 대부분 중국어가 영어보다 쉽다고 이야기하고, 나 역시 그래서 중국어를 선택했기 때문이다.

더군다나 10년 가까이 어린아이들에게 중국어를 가르쳐온 나의 경험에 의하면 성조가 있어서 중국어가 어렵다고 말하는 아이는 단 한 명도 없었다. 오히려 성조가 있어서 재미있다고 말한다. 음절마다 정해진 음의 높이가 있어서 말을 할 때 마치 노래하는 것처럼 혹은 싸우는 것처럼 재미있게 들리기 때문이다(중국어에는 4개의 성조가 있으며 같은 발음이라도 성조에 따라 의미가 달라질 수 있다).

성인들은 대부분 중국어 입문 시기에 이 성조를 힘들어하는 경향이 있다. 이미 모국어의 굳어진 습관에서 벗어나 음의 높낮이를 따져가며 말하는 것이 처음에는 어색하고 감을 잡기가 어렵기 때문이다. 그러나 대부분의 학습자는 얼마간의 노력으로 해결이 가능하다.

그럼에도 불구하고 중국어 입문시기에 배우는 중국어 발음은 성인 학습자에게 부담스러운 과정이다. 기업체 혹은 학원에서 성인들과 수업을 할 때 성조가 재미있다고 이야기한 사람은 단 한 명도 없었다. 그저 선창

아이들 스스로 선생님이 되어 중국어 발음을 가르쳐보는 시간. 1학년 아이가 고학년 언니, 오빠들의
선생님이 되어 가르치고 있다.

하는 내 발음을 따라 굳은 표정으로 기계처럼 따라 할 뿐이었다. 마치 자
신이 넘어야 할 높은 산이라고 생각하는 것처럼.

 그런데 재미있는 것은 아이들의 반응이다. 아이들은 성조가 있는 중국
어 발음에 큰 매력을 느낀다. 오히려 성조가 있어 더 재미있어하고 더 잘
기억한다.

 유아나 초등학생 수업에서 중국어를 처음 접할 때 아이들의 반응은 성
인과 정반대라고 생각하면 된다. 아이들 수업에서는 이 중국어 발음 시간
이 가장 재미난 시간이 된다. 목청 높여 따라 하는 아이들의 얼굴에는 웃
음이 떠나지 않고 재미있는 발음이라도 나오면 반 아이들 전체가 깔깔깔

한참을 웃어대곤 한다. 그리고 "선생님, 중국어 정말 재미있어요! 너무 웃겨요!"라고 말하는 아이들이 교실에 하나둘은 꼭 있다.

비단 교실 수업에서뿐 아니라 아주 어린 영유아의 경우도 마찬가지다. 나는 내 아이들에게 돌 전부터 한국어, 영어, 중국어를 모두 접하게해주었는데 노출 시간이 가장 적은 중국어에 가장 격렬한 반응을 보이곤 했다. 첫째 아이의 경우엔 중국어 CD를 틀어주면 CD플레이어 앞에 앉아 끝날 때까지 자리를 떠나지 않았고 둘째 아이는 같은 단어를 한국어, 영어, 중국어로 알려주었을 때 중국어 발음을 가장 잘 따라 했고 가장 잘 기억했다. 중국어 발음에는 음의 높낮이, 바로 성조가 있기 때문이다. 아이들에게는 성조가 오히려 중국어를 더욱 매력적으로 들리게 하는 요소가 되는 것이다. 더욱 재미있는 것은 성인들은 성조대로 외워도 돌아서면 금방 잊어버리거나 틀리게 발음하는 반면에 아이들은 잘 틀리지도 않는다는 점이다. 마치 노래의 멜로디를 기억하듯 너무나 정확하게 다시 뱉어낸다. 그저 신기할 따름이다.

이렇듯 중국어에는 성조가 있어서 어렵다는 선입견은 어른들에게나 통하는 이야기일 뿐이다. 아이들은 오히려 음의 높낮이 때문에 노래하듯 재미있게 중국어를 배우고 더 잘 따라 하며 오래 기억할 수 있다. 성조가 어렵다고, 발음이 어렵다고 괜히 걱정할 필요가 없다.

선입견을 버리고 일단 해보면 안다. 아이가 오히려 성조 때문에 중국어를 더 재미있어한다는 사실을!

Chapter 2

내 아이만의
방법을 찾자

본격적으로 엄마표 중국어를 시작하기 전에 내 아이가 무엇을 좋아하고, 어떤 성격의 아이인지를 생각해본 뒤 가장 잘 맞는 학습법이 무엇일지 고민해보자. 책을 좋아하는 차분한 아이와 게임을 좋아하는 에너지 넘치는 아이를 같은 방식으로 대한다면 최대 효과를 얻지 못할 수 있다. 실전 편으로 들어가기에 앞서 이 챕터에 소개하고 있는 여러 학습법을 맛보기로 살펴보고 내 아이에게 맞는 방법을 찾아보자. 또한 엄마표 중국어를 하다 막힐 때도 이 챕터를 읽으면 아이가 중국어를 즐겁게 배울 수 있는 방법을 찾는 데 도움이 될 것이다.

\ 내 아이는 그 어느 영재보다 특별하다 /

나는 이미 스무 살 때부터 엄마표 중국어를 하겠노라 결심했던지라 결혼하고 첫 아이를 낳기도 전부터 엄마표 중국어를 계획한 조금 특이한 엄마다. 그런데 실제 아이를 낳고 보니 웬걸! 우리 아들은 TV나 인터넷 세상에서 보던 영재들과는 달라도 너무 달랐다. '그 아이들은 책 보는 걸 즐겨하고 스스로 깨쳐서 잘도 한다던데, 우리 아들은 왜 이렇게 다르지?'

단어카드를 보여주면 다 어딘가로 날려버리고, 매일같이 동요를 불러줘도 따라 하지 않았다. 중국어 책을 읽어주면 한두 권 듣다가 금방 자리를 떠버렸다. 온종일 뛰어다니고 빵빵이랑 칙칙폭폭 기차만 쫓아다니는, 중국어와는 거리가 멀어도 너무 먼 아이. 책을 안 읽어준 것도 아니다. 당시는 첫째 아이 하나였기 때문에 시간적 여유가 있어서 매일 한글 책도 많이 읽어주려 애썼고 노래도 많이 불러줬다. 아이가 크고 자신의 관심사를 조금씩 표현할 수 있게 되면서 나는 우리 아들이 언어보다는 다른 쪽에 재능이 더 많다는 것을 알게 되었고 언어영재들과 비교하는 일을 자연스레 그만두었다. 나에게는 기다림이 필요했고 마음의 여유를 갖기로 했다.

대신 우리 아이만의 방법을 궁리해보았다. 활동적이고 승부욕이 강한 우리 아들은 가만히 앉아 책을 읽거나 암기를 하는 방식은 전혀 먹히지 않았지만 경쟁심을 유발하는 게임은 통했다. 그리고 딱딱한 문장 암기 대신 문장에 박자감을 넣고 동작을 입혀서 '챈트+율동'으로 문장을 알려주면 금세 외우곤 했다. 또한 자신이 재미있어하는 분야에는 나름 집중하지만 그렇지 않은 것에는 금방 흥미를 잃어버리기 때문에 1분, 3분씩 짧게 하되 자주 반복하는 방법을 선택하니 훨씬 수월했다. 내 아이만의 방법을 찾은 것이다.

둘째 아이는 앉기 시작할 때부터 책을 좋아해서 돌쯤부터는 항상 손에 책을 쥐고 다녔기 때문에 책으로 중국어를 가르치는 것이 편했다. 15개월에 『달님 안녕』을 중국어 버전으로 보기 시작하면서 여러 단행본을 거쳐 '곰솔이 시리즈', '꼬마 미키 시리즈' 등을 통해 중국어에 흥미를 느꼈고 자연스럽게 습득했다. 그리고 단어카드나 그림단어 사전, 동요 등 다양한 방법을 동원했다.

이처럼 아이마다 시작 시기와 접근 방법이 완전히 다를 수 있으므로 다양한 방법 중에 아이에게 가장 잘 맞는 방법을 찾아 좀 더 집중적으로 가르쳐줘야 한다.

아이는 누구나 타고난 언어 습득의 천재다. 다만 결과물이 나오기까지 방법과 시간이 조금씩 다를 뿐이다. 만약 내 아이에게 맞는 방법을 제대로 찾아간다면 훨씬 더 즐겁고 쉬운 엄마표 중국어가 될 것이다.

이 챕터에서는 실전에 들어가기에 앞서 내 아이에게 맞는 학습법이 무엇인지 찾아볼 수 있도록 할 것이다. 만약 엄마표 중국어가 처음이라 어떻게 하면 아이가 흥미 있어할지, 어떻게 접근하면 좋을지 모르겠다면 이번 챕터를 건너뛰고 Part 2 '실전 편'부터 시작해도 좋다. 실제 아이와 학습을 하는 과정에서 '우리 애는 노래를 좋아하는구나', '우리 애는 그림책으로 중국어를 접하고 싶어하네' 하고 깨닫게 될 것이기 때문이다. 그런 후 아이에게 맞는 방법이 필요하다고 생각되면 다시 이 챕터를 꼼꼼하게 읽어보길 권한다. 또한 엄마표 중국어를 하다 막힐 때도 이 챕터를 읽으면 아이가 중국어를 즐겁게 배울 수 있는 방법을 찾는 데 도움이 될 것이다.

노래를 좋아하는 아이, 재미와 회화 두 마리 토끼 잡기

아이들은 대부분 노래를 좋아한다. 노래가 나오면 격렬하게 반응하는 흥이 많은 아이나 고개 정도만 까딱이는 선비 타입의 아이는 있어도 노래를 싫어하는 아이는 없다. 정도의 차이만 있을 뿐이다. 그래서 어린이 중국어 교재에는 노래나 챈트가 거의 빠지지 않는다.

수업을 해보면 노래를 좋아하는 아이들은 적극적으로 따라 부르고 때로는 시키지도 않았는데 일어나서 적극적으로 자신의 율동 실력을 뽐내기도 한다. 그리고 수업시간에 노래를 몇 번 부르지도 않았는데 금방 익히고 외워서 깜짝 놀라게 만드는 아이들도 많았다.

이런 아이들에게는 중국어 동요의 비중을 더 늘려주면 된다. 그림책, 생활회화, 단어놀이 등 여러 접근 방법 중에 중국어 동요 시간을 훨씬 더 많이 갖게 해주는 것이다.

나는 수업을 할 때 반에 동요를 좋아하는 아이들이 많으면 원래 계획보다 동요 수를 추가한다. 한 반에 유독 게임이나 미술활동을 곁들이는 수업방식을 선호하는 아이들이 많을 때는 그런 점을 참고해서 수업을 진행한다. 배우는 내용은 같으나 아이들의 특성에 맞춰 전달 방식을 조금씩 달리하는 것이다. 아이들이 좋아하는 방식으로 시간이 채워지니 중국어를 더욱 즐겁게 배울 수 있고 결과도 훨씬 좋다.

또 나는 딸과는 거의 매일 중국어 동요를 부르고 율동도 하면서 동요를 즐겼지만 아들과는 가볍게 흘려듣거나 가끔 자장가 정도를 불러주곤 했다. 이유는 단순하다. 딸아이는 동요를 좋아해서 자꾸 틀어달라고 할 정도로 스스로 찾는 아이였고, 아들은 동요에 그다지 눈에 띄는 반응이 없었기 때문에 억지로 강요하지 않은 것이다. 이렇게 아이가 흥미를 보이는 정도에 따라 동요의 비중을 늘릴지 말지 정하면 된다. 중국어 동요를 통한 학습법은 실전 편에서 다시 자세하게 다루겠다.

그리고 너무 다양한 곡을 들려주는 것보다는 아이가 좋아하는 동요 몇 곡 정도만 일정 기간 들려주는 것이 더 효과적이다. 아이가 좋아하는 5~6곡 정도만 골라 틈날 때마다 자주 듣는 게 좋다. 계속 듣다 보면 엄마도 어설프게나마 외우기야 하겠지만, 기왕이면 아이보다 먼저 외워서 신나게 따라 부른다면 아이가 동요를 더 쉽게 익힐 수 있다.

적용 방법은 엄마가 가사를 정확히 파악하고 있다가 적재적소에 단어를 끄집어내 활용하는 것이다. 예를 들어 중국 동요 중 꽤 유명한 '호랑이 두 마리'의 가사는 아래와 같다.

两只老虎，两只老虎
liǎng zhī lǎohǔ，liǎng zhī lǎohǔ.
량　　즐 라오후　량　　즐 라오후

두 마리 호랑이, 두 마리 호랑이

跑得快，跑得快
pǎo de kuài，pǎo de kuài.
파오 더 콰이　파오 더 콰이

빨리 달리네, 빨리 달리네

一只没有耳朵，一只没有尾巴
yì zhī méiyǒu ěrduo， yì zhī méiyǒu wěiba.
이 즐 메이요우 얼두어   이 즐 메이요우 웨이바

한 마리는 귀가 없고,
한 마리는 꼬리가 없네

真奇怪，真奇怪。
zhēn qíguài， zhēn qíguài.
쩐   치과이 쩐   치과이

진짜 이상해, 진짜 이상해

　이 동요는 유난히 사이좋은 호랑이 두 마리를 시샘한 하늘이 한 마리는 귀를 없애고 한 마리는 꼬리를 없앴다는 중국의 옛이야기를 노래로 만든 것이라고 하는데, 멜로디가 영어 동요 'Are you sleeping?'과 같아서 우리 아이들도 쉽게 따라 부를 수 있다. 이 동요를 실생활에 어찌 활용할까 싶겠지만, 나는 호랑이 그림이 보일 때마다 19개월 아이에게 "라오후(老虎, 호랑이)"를 외쳐댔다. 아기 그림책은 특히 동물이 주인공인 경우가 많아 호랑이도 자주 등장하는데 호랑이가 보일 때마다 "라오후 어홍~!" 하면서 호랑이 흉내를 내고 TV를 보다가도 호랑이가 나오면 "라오후" 하고 말해줬더니 나중에는 호랑이가 나올 때마다 아이가 먼저 신이 나서 "라오후"를 외쳤다.

　'한 마리는 귀가 없고, 한 마리는 꼬리가 없네(一只没有耳朵 , 一只没有尾巴)'라는 가사를 활용해 아이와 신체놀이도 할 수 있다. 귀를 손으로 가리고 "메이요우 얼두어(没有耳朵, 귀가 없네)"라고 말하고 코를 손으로 가리며 "메이요우 비즈(没有鼻子, 코가 없네)" 하는 식으로 응용해볼 수 있다. 이렇게 동요 속 단어를 활용해 신체놀이를 하면서 신체단어를 연습하는 동시에 '메이요우'를 반복하면서 '없다(没有)'라는 표현도 익힐 수 있다.

에너지가 넘치는 아이들은 하루에도 수차례 뛰어다니곤 한다. 그럴 때는 일부러 "파오더콰이(跑得快, 빨리 달리네)!"를 외쳐본다. 아이에게 엄지를 척 보이며 "파오더콰이!"라고 얼른 중국어 노랫말을 떠올려 말해줄 수 있는 순발력이 필요하다. 또 가끔은 "어, 이상하네?"라는 한국말 대신 "쩐치과이(真奇怪, 진짜 이상해)"라는 말을 해본다면 노래 한 곡에 나오는 표현을 생활 속에서 얼마든지 적용해볼 수 있다.

짧은 동요지만 일상생활에서 직접 사용하면 노래로만 끝나지 않고 단어로 확장되고, 생활회화가 되는 것이다. 동요는 보통 시처럼 서정적인 표현이 많아 생활회화에 직접 적용하기 어렵다고 느낄 수 있지만 가사 전체가 그런 것은 아니다. 가사 중에 회화에서 사용할 만한 문장을 얼마든지 찾아볼 수 있다.

数字会排队 숫자는 줄을 설 수 있어요
Shùzì huì páiduì
쑤즈 호이 파이뚜에이

1 2 3 请准备
Yī èr sān qǐng zhǔnbèi
이 얼 싼 칭 준베이

1, 2, 3 준비하세요

数字数字会排队!
shùzì shùzì huì páiduì!
쑤즈 쑤즈 호이 파이뚜이

숫자는 숫자는 줄을 설 수 있어요

排队坐电梯
páiduì zuò diàntī
파이뚜이 쭈어 띠엔티

줄을 서서 엘리베이터를 타요

一层一层高
yì céng yì céng gāo
이 청 이 청 까오

한 층 한 층 높아져요

1 2 3 4 5 6 7
yī èr sān sì wǔ liù qī
이 얼 싼 쓰 우 리오우 치

일, 이, 삼, 사, 오, 육, 칠

一层一层低
yì céng yì céng dī
이청 이청 띠

한 층 한 층 낮아져요

7 6 5 4 3 2 1
qī liù wǔ sì sān èr yī
치 리오우 우 쓰 싼 알 이

칠, 육, 오, 사, 삼, 이, 일

예를 들어『동요로 배우는 유아 중국어』에 '숫자는 줄을 설 수 있어요' 라는 노래가 있다. 이 노래에는 "줄을 서서 엘리베이터를 타요 / 한 층 한 층 높아져요 / 일이삼사오육칠 / 한 층 한 층 낮아져요 / 칠육오사삼이일" 이라는 노랫말이 나오는데, 나는 아이와 함께 엘리베이터를 기다릴 때나 엘리베이터에 타서 이 노랫말을 말한다. 엘리베이터를 타기 전에는 "줄을 서서 엘리베이터를 타요"라고 말하고, 타고 나서는 "한 층 한 층 낮아져 요, 칠육오사삼이일"이라고 말하며 아이와 층을 세며 내려간다. 하루에도 몇 번씩 타는 엘리베이터인데 그 시간이 아깝지 않은가? 이렇게 엄마가 먼저 가사를 외워서 실생활에 적용하면 따로 회화책을 외우지 않아도 매

일같이 사용할 수 있다.

날씨 관련 동요를 아이와 불렀다면 매일같이 날씨를 묻고 답해볼 수 있고, 색깔 관련 동요를 들어봤다면 옷을 입거나 미술놀이를 하는 상황에서 색깔을 이야기해볼 수 있다.

어렵게 생각하지 말고 지금 아이가 좋아하는 동요가 있다면 그 동요의 가사부터 살펴보자. 분명 매일 써먹을 수 있는 단어 한두 개쯤은 눈에 띌 것이다. 그것부터 시작하면 된다.

노래를 좋아하는 아이

1. 중국어 동요를 평소에 즐겨 듣기
2. 엄마와 신나게 따라 부르기
3. 동요 속 단어 익히기
4. 동요 속 문장을 생활회화에 적용하기

활동적인 아이,
더 적극적으로 움직이게 하자

아이들은 어디서 그런 에너지가 나오는지 하루 종일 함께 있으면 마치 끝도 없이 힘이 나오는 '에너자이저' 같다는 생각이 든다. 분명 온종일 뛰어 놀았는데 밤이 되면 다시금 샘솟는 에너지. 나는 힘들고 피곤해서 눈꺼풀이 천근만근인데 도무지 멈출 줄 모르는 '에너자이저'를 볼 때마다 그 에너지를 나한테도 나눠줬으면 하는 바람이 생길 때가 한두 번이 아니다.

아이들은 에너지가 차고 넘친다. 그러니까 아이겠지만, 유난히 더 움직이는 것을 좋아하고 자리에 가만히 앉아 있지 못하는 아이라면, 그런 활동적인 면을 나무라지 말고 오히려 적극 활용해보는 것은 어떨까?

자리에 앉아 얌전히 책 보기를 힘들어하는 에너지가 넘치는 아이라면 차라리 집 안 이곳저곳을 돌아다니며 중국어를 익히게 해본다. 예를 들어 단어카드를 5장 외운다 치자. 책상에 앉아 카드 5장을 펴놓고 따라 하라고 하면 순순히 따라 하지 않을 가능성이 높다. 아마도 뒤로 드러눕거나 삐딱하게 앉아서 '나 하기 싫소!' 하는 마음을 온몸으로 표현할 것이다.

이처럼 활동적인 아이들에게는 책상 대신 활기 넘치는 엄마가 준비되어야 한다. 가만히 앉아서가 아니라 온 집 안을 돌아다니며 단어를 외우는 것이다. 카드를 책상 위에 놓지 말고 안방, 거실, 베란다, 부엌, 화장실에 한 장씩 붙여놓고 찾아서 먼저 외친 사람이 이기는 게임을 해보자. 아이가 눈에 불을 켜고 달려들 것이다. 아니면 거실 한쪽에 카드 5장을 쭉 놓고 엄마가 말하는 단어를 집어오는 게임을 한다거나 가위바위보를 해서 이긴 사람이 중국어 단어를 외치고 카드를 가져가는 게임 등을 해도 좋다. 게임에 익숙해지고 나면 아이가 단어를 말하고 엄마가 가지고 오는 식으로 아이가 단어를 좀 더 말할 수 있도록 룰을 바꿔본다.

활동적이고 몸으로 뭔가를 하기 좋아하는 아이들은 문장을 암기할 때도 동작을 넣어주면 더욱 효과적이다. 나는 아들에게 평소 문장을 암기하라고 강요하지 않다가, 단어 양이 많이 늘었는데도 문장으로 말하는 게 서툴기에 문장 암기를 시도해보았다. 아이가 책을 보면서 따라 하는 것을 너무 싫어해 늘 고민이었는데 문장에 맞는 동작을 정해 몸으로 함께 표현했더니 더 수월하게 암기했다. 『말문이 빵 터지는 중국어 명작 동화』는 등장인물들의 대사가 챈트로 구성되어 있어서 리듬감 있는 챈트에 동작을 넣어 암기하니 더욱 편했다. 평소에 소리펜으로 챈트를 흘려듣고 생각날 때마다 하루에도 몇 번씩 동작을 넣어 재미있게 암송했다. 동작을 넣으니 마치 손유희(미취학 아동을 위한 표현활동의 하나로 손을 이용해 즐겁게 노는 것)를 하는 것처럼 재미있게 느껴졌다.

솔직히 그 전에 나는 힘들고 귀찮아서 이렇게 못해주는 날이 많았다. 수업을 할 때는 내 업이니까 늘 게임과 놀이로 진행했지만 집에 와서는 육아와 살림에 지쳐 저녁쯤 되면 아이에게 책 한 권을 읽어주려고 해도 밑바닥에 있는 기운까지 모조리 끌어내야 했다. 그래서 놀아달라는 아들의 부탁을 마음과 달리 들어주지 못할 때도 많았는데, 한두 번 중국어 카드게임을 해보니 매번 너무나 즐거워했다. 그런 아들의 모습을 보면서 힘들고 귀찮다는 이유로 실행에 옮기지 못한 것이 지금도 후회된다.

그래서 아들이 단어를 이미 알고 있을 때였지만 일주일에 서너 번은 꼭 거실 한편에 단어카드를 쭉 늘어놓고 단어게임을 했다. 엄마가 카드를 못 찾는 척하면서 시간을 벌어주면 자신이 이겼다며 무척 즐거워했다. 따로 무슨 특별한 놀이를 하지 않아도 중국어 카드 찾기 게임 하나로 아이는 엄마가 자신과 놀아준다고 느꼈다. 중국어 공부도 되면서 엄마와 함께 노는 시간이 되니 일석이조인 셈이다.

활동적인 아이는 책상에만 앉혀둘 필요가 없다. 단어를 외울 때도 온 집 안을 돌아다니며 외우게 할 수 있다. 우리 집에서는 거실에 단어카드를 붙여놓고 엄마가 말하는 단어를 아이가 집어오게 하는 게임을 하기도 한다.

나는 그때부터 단어로 시작해서 문장까지 확장해나갔다. 알고 있는 문장도 외워보라고 하면 싫다며 튕기는데, 뛰어가서 문장을 외치도록 하면 갑자기 재미있는 놀이로 바뀌었다. 중국어 문장을 적어놓은 종이를 통에 넣어두고는 뛰어가서 뽑아 문장을 먼저 외치고 오는 사람이 이기는 식의 게임을 하는 것이다. 활동적이고 움직이기 좋아하는 아이들은 그 특징을 이용해 몸을 움직이게 하면 더욱 즐겁게 배울 수 있다.

거창한 도구나 활동을 생각하면 실행에 옮기기 어렵다. 재료와 방법이 간단해야 육아에 지친 엄마도 매일 자주 실천할 수 있다. 단어카드 먼저 집어오기 게임에서는 단어카드만 있으면 되고, 챈트를 아이와 함께 외친다고 하면 그 자리에서 바로 챈트를 들을 수 있도록 해주거나 소리펜을 바로 누를 수 있도록 비치하는 식으로 바로 실행할 수 있는 편한 방법이어야 한다.

책상에 앉기 싫어하는 아이, 활동적이고 에너지가 넘치는 아이는 몸을 많이 움직이게 해줘야 즐겁게 할 수 있으며, 가장 간단한 방법으로 해야만 엄마가 지속적으로 실천할 수 있다는 것을 잊지 말자.

활동적이고 에너지가 넘치는 아이

1. 책상 앞에 앉히지 말고 오히려 더 적극적으로 움직이게 하기
2. 가장 간단하고 쉬운 방법으로 자주 하기
3. 단 5분이라도 즐겁게 놀아줄 수 있도록 엄마의 체력 비축해두기

문자에 강한 아이,
일석삼조의 효과를 누려라

보통 유아기에 일찍 중국어를 시작하는 경우 듣기, 말하기를 먼저 배우고 이후에 문자 교육을 해서 읽기, 쓰기로 나아가는 식이 대부분이다. 많은 아이들이 한자 읽기에 부담을 느끼고 한어병음(중국어 발음기호)을 이해하여 익히기에는 아직 어려움이 많은 시기이기 때문이다.

그러나 간혹 신기하게도 문자에 강한 아이들이 있다. 한글을 일찍 떼거나 한글, 알파벳에 먼저 관심을 보인 아이는 중국어 한자에도 스스로 관심을 보일 확률이 높다. 실제로 아이들을 가르치다 보면 교재에서 한자 쓰는 칸을 보고는 시키지 않아도 "선생님, 한자도 쓸래요"라고 말하는 아이가 가끔 있다. 같은 연령의 아이들은 보통 쓰라고 해도 쓰기 싫어하는데 말이다.

언젠가 다국어 영재를 만난 적이 있는데, 여섯 살이었던 그 아이는 두 돌쯤에 한글을 떼고 영어를 줄줄 읽고 중국어도 스스로 읽었다. 엄마가 따로 중국어 읽기를 가르쳐준 적이 없는데도 스스로 한자를 익혀 읽어냈다. 보는 나도 신기해서 엄마에게 물어보니 엄마도 아이가 어떻게 읽는 건지 전혀 모르겠다고 했다.

또 요즘은 중국어 한자에 거부감 없이 오히려 한자를 쓰고 싶어하는 아이들이 더욱 많아졌는데, 그 이유는 한자급수를 땄거나 한자 공부를 해본 경험이 있는 아이들이 많기 때문이다. 벌써 몇 년 전부터 한자 붐이 일어서 유아, 초등 저학년기에 한자 자격증을 준비하는 경우가 많아졌다. 실제 내가 수업 중인 유아들의 경우 100퍼센트 한자를 따로 배우고 있거나 한자급수 자격증을 땄다. 열이면 열 모두 중국어 외에 한자를 배우고 있다(중국어와 별개로 각자 필요에 따라 한자를 배우는 것인데, 내가 가르치는 유아들 전부가 한자를 따로 공부하고 있다는 사실이 나조차 새삼 놀랍다).

이렇게 한자를 자주 접하고 써본 아이는 수업시간에 도리어 "선생님, 저 한자 잘해요! 중국어 한자 쓰기 더 없어요?"라며 한자에 굉장한 자신감을 보인다. 자신이 배운 한자와 간체자(중국에서 본래의 복잡한 한자 점획을 간단하게 변형시켜 만든 중국 한자)는 글자 모양이 다른데도 불구하고 아이가 한자에 대한 기본적인 호감과 자신감이 있어서 한자를 더욱 배우고 싶어하는 것이다.

이렇듯 원래 문자를 좋아하고 문자에 강한 아이들도 있고 한자를 배우면서 한자를 좋아하게 된 아이들도 있다. 이런 아이들은 그 특성을 살려 문자로 접근하는 방법을 더 적극적으로 활용하는 것이 좋다. 아예 처음부터 한자로 접근하거나 한자를 접하는 시간을 늘리는 방법이 있다.

예를 들어 단어카드로 한자를 익힌다고 해보자. 의미를 파악했다면 이제 앞면의 그림이 아니라 뒷면의 한자만 보여주고 소리를 기억해내도록 해본다. 보통은 그림을 보고 의미와 소리 두 가지만 기억하는 정도라면, 문자에 강한 아이의 경우 한자를 보고 의미와 소리를 기억하도록 하는 것이다. 그러면 해당 글자의 형·음·의(形·音·意)를 한 번에 익힐 수 있다.

단번에 단어의 소리와 의미뿐 아니라 한자 모양까지 익히는 일석삼조의 효과를 얻는 것이다.

동화책을 읽는다고 해보자. 어느 정도 많이 들어서 내용이 익숙해졌다면 이제는 한자를 손으로 가리키며 보는 것도 좋은 방법이다. 엄마가 읽어주든 CD로 듣든 스토리를 파악했고 여러 번 읽어서 의미도 알게 되었다면 한자를 손으로 짚으며 눈으로 따라가본다. 만약 내용이 길거나 아이가 모르는 한자가 너무 많아서 버겁게 느껴진다면, 읽기 전에 가장 자주 반복되는 단어 몇 개만 뽑아 가볍게 미리 익혀본다. 그런 과정을 거친 후에 동화책을 보게 되면 아는 단어가 많기 때문에 비교적 수월하게 읽어나갈 수 있다.

그리고 끼적이거나 쓰기를 좋아하는 아이라면 동화책 한 페이지에서 쓰고 싶은 단어나 문장을 골라 노트에 써보는 등 그냥 일방적으로 내용을 듣기만 하는 과정에 한자를 읽고 쓰는 활동을 추가해본다. 나는 초등학교에서 수업을 하면서 편견이 깨질 때가 가끔 있는데 그중 하나가 아이들이라고 해서 무조건 한자 쓰기에 거부감이 있는 건 아니라는 점이다. 한 반에 한두 명은 한자 쓰기를 오히려 좋아한다. 한 학기 동안 어떤 방식으로 수업을 하면 좋겠냐는 설문조사를 해봐도 한자 쓰기를 많이 하고 싶다는 아이들이 꼭 한두 명씩 있다. 아이가 만약 쓰기를 좋아한다면 여러 색의 사인펜이나 화이트보드 등을 이용해 한자를 써보면서 중국어와 친해질 수 있도록 한다.

마지막으로 학습 소프트웨어를 활용한 한자 습득 방법이 있다. 영유아

대상 중국어 읽기 방법 습득 프로그램인 '리틀스마티'다. DVD, 플래시카드, 스토리북 등 다양한 구성을 통해 한자를 익히고 읽어나가도록 돕는다. 다만 보통 저렴하게 구매 가능한 중국어 관련 상품에 비해 상대적으로 고가의 제품이므로 먼저 해당 사이트에 접속해 샘플 DVD를 받아 아이의 수준에 맞는지, 아이가 흥미를 갖는지, 아이가 금방 싫증내지는 않는지 등을 살펴본 후에 결정해도 늦지 않다.

문자에 강한 아이

단어, 동요, 동화책, 무엇으로 시작하든 한자도 동시에 시작하여 일석삼조의 효과를 누려라. 의미와 소리, 문자까지 한 번에 익히는 가장 이상적인 방식이 될 수 있다.

책을 좋아하는 아이, 수준에 맞는 책 제공해주기

아이가 유달리 책을 좋아한다면 외국어 습득에 있어 50점은 먹고 들어간다고 볼 수 있다. 그래서 나는 가끔 '아이가 책을 너무 좋아한다'는 엄마를 만나면 "진짜 복 받았어요!"라고 서슴없이 말한다. 책을 통해 얻을 수 있는 것이 너무도 많기 때문이다.

첫 번째로 실제 상황을 경험하지 않고도 다양하고 풍부한 표현을 충분히 맛볼 수 있다. 스토리 안에는 각종 어휘와 문장들이 등장한다. 집 안, 놀이터, 공원, 학교, 병원, 자연 등 다양한 배경과 상황에서 풍부한 어휘를 자연스럽게 접할 수 있다.

두 번째로 단어를 달달 외우는 과정이 필요 없다. 책을 통해 배우면 재미있고 자연스럽게 단어를 익히고 문장 속에서 그 쓰임까지 정확하게 알 수 있다. 어휘를 쌓는 것은 굉장히 중요하지만 단어를 무작정 외우면 재미도 없고 쉽게 잊힐 뿐 아니라 적재적소에 사용하기가 쉽지 않다. 그러나 책을 통해 단어를 습득하면 적절한 상황과 문장에 단어를 자연스럽게 사용할 수 있도록 도움을 준다.

세 번째로 엄마가 한결 수월하다. 엄마가 굳이 몸으로 놀아주고 생활회화를 많이 떠들지 않아도 책을 통해 습득할 수 있는 것이 무궁무진하기 때문에 엄마가 보다 쉽게 엄마표 중국어를 진행할 수 있다. 책을 읽어줄 때도 단어를 고민할 필요가 없고 문법이 잘못되었을까 걱정할 필요도 없다. 책에 있는 그대로 읽어주기만 하면 된다. 만약 엄마가 읽어주기 벅차다면 원어민의 목소리가 담긴 CD나 소리펜을 통해 들려줄 수도 있다.

내 경우 둘째 아이가 비교적 책을 좋아하는 편이어서 우리말을 조금씩 내뱉던 15개월 즈음부터 중국어 그림책을 보여주었다. 중국어 책을 처음 접한 아이는 평소 듣던 말이 아니어서인지 이상하다는 듯한 표정을 지어 보였고 손사래를 치기도 했다. 그래서 나는 아이가 내용을 파악할 수 있도록 다시 한 번 한국어로 읽어준 뒤 그 이후로는 계속 중국어로 읽어주었다. 그랬더니 거부감 없이 듣기 시작했다. 그 뒤로 처음 한두 번은 한국어로 들려줘 내용을 파악할 수 있게 한 후 중국어로 들려주는 방법을 택했다. 아이는 책을 통해 외국어라는 이질감이나 거부감을 일찌감치 없앨 수 있었고 중국어와 더 친숙해질 수 있었다.

아이가 물어보지 않는다면 굳이 장황한 설명을 해줄 필요는 없지만, 일반적으로는 내용의 이해를 위해 처음 한두 번은 한국어로 읽어주거나 부연설명을 해준 뒤에 중국어로 넘어가도록 한다. 여기서 가장 중요한 것은 아이의 반응이므로 그에 따라 모국어로 설명을 할지 말지 정하도록 하자. 아이가 중국어에 대한 거부감이 없다면 중국어로 바로 읽어주는 것이 좋지만 조금이라도 싫어하는 내색을 보인다면 처음 한 번 정도 한국어로 관심을 끌고 내용을 이해시킨 뒤 중국어로 읽어주는 게 좋다.

둘째 아이는 책을 좋아했기 때문에 엄마표 중국어의 절반 이상을 그림책으로 했다. 거실에 책 차트를 두 개 걸어두고 중국어 책의 표지가 보이도록 놔두었더니 매일같이 중국어 그림책만 꺼내 읽어달라고 했다. 한글 책은 한 권도 안 보고 중국어 책만 주구장창 본 날도 있다. 아마도 책장에 꽂혀 있는 한글 책보다 눈에 확 들어오는 책 차트에 손이 더 가는 모양인지 읽어달라며 매번 꺼내오는 책은 중국어 책이다.

책을 좋아한다고 해서 아무 중국어 책이나 손에 쥐어줄 수는 없는 일이다. 아이의 수준보다 어렵거나 흥미가 전혀 없는 분야의 책을 제공해주면 오히려 중국어에 대한 호감이 떨어질 수도 있다. 아이가 좋아하는 책, 또 아이의 수준보다 반 단계 낮은 수준의 책을 많이 보여주어야 한다.

'반 단계 낮은 수준'이란 아이가 책을 볼 때 한국어로 설명해주지 않아도 대강의 내용을 이해하고 최소한 절반 이상의 어휘를 인지할 수 있는 정도를 말한다. 아이가 어릴수록 단어 하나하나의 의미를 아는지 정확히 가늠하기가 어렵다. 그러나 책을 읽어주는 동안 아이가 얼마나 눈을 반짝이며 흥미로워하는지, 내용의 전반적인 흐름을 이해하고 있는지, 내용 중에 평소 알고 있는 단어가 대강 어느 정도인지를 감안하면 미루어 짐작할 수 있다. 이런 수준의 책 수십 권을 한동안 지겨울 정도로 봤다고 느낄 때가 비로소 한 단계 높은 수준의 책을 찾아볼 시점이다.

어느 영어 전문가가 말하길 50~100권 정도는 같은 수준의 책을 보고 넘어가야 한다고 했다. 나 역시 같은 수준의 책을 최소 70권씩 보여주었다. 나는 아이가 어려서 '곰솔이 시리즈' 같은 생활동화책을 많이 구입해 보여줬는데 보통 이런 생활동화책은 10~15권으로 되어 있어서 서너 세트 정도만 구입해도 금방 50권이 채워진다.

물론 원서뿐 아니라 국내에서 한국 아이들을 위해 만든 '중국어 학습 동화책'도 있다. 몇 권 소개하자면 주제별 30권 시리즈로 되어 있는『꼬마 판다 나나의 말문이 빵 터지는 세 마디 중국어 그림책』, DVD가 제공되는『차이홍 아이두』, 워크북과 가이드북 스토리텔링 영상이 제공되는『말문이 빵 터지는 중국어 명작 동화』등이 있다. 이 책들은 국내 오프라인, 온라인 서점에서 언제든 구입이 가능하고 친절한 한글 해설이 있다는 것이 장점이다.

중국어 원서는 한글 책이나 영어 원서와 달리 정보도 많지 않고 구입 경로도 상대적으로 제한적이다. 그래서 다독을 권하기가 현실적으로 쉽지 않다. 중국어 책을 '엄청나게 많이 읽혀야 한다'고 주장할 생각은 없지만 적어도 아이가 책을 좋아한다면 최대한 정보를 모으고 발품을 팔아 되도록 많이 제공해줄 가치가 분명히 있다. 책은 언어 학습에 가장 좋은 방법임에 틀림없기 때문이다. 아이의 수준에 맞는 책을 최대한 제공해주자. 아이는 대견하게도 책을 통해 스스로 중국어를 익혀나갈 것이다.

책을 좋아하는 아이

아이가 책을 좋아한다면 다양한 경로를 통해 아이의 수준에 맞는 책을 제공해주자. 물론 중국어 책은 한글이나 영어 책처럼 다독을 하기 쉽지 않다. 구입 경로도 많지 않고 책에 대한 정보도 현저히 적기 때문이다. 하지만 중국어 책 구입 채널을 미리 알아두고 최소한의 양이라도 채워주자.

중국 원서 구입처

중국 원서를 구입하는 가장 쉽고 대표적인 방법은 원서를 수입해 판매하는 화문서적, 샨샨어린이중국어서점, 차이나북(Chinabook) 같은 국내의 중국 서점을 이용하는 것이다.

그리고 중국 원서를 구입하는 가장 친절한 방법은 '공구카페'를 이용하는 것이다. 친절하다고 하는 이유는 원어민 성우가 책 내용을 직접 녹음한 음원을 제공하거나 해석과 발음을 제공하는 경우가 많기 때문이다. 만약 중국어에 자신이 없다면 공구카페를 선택하길 권한다. 나는 심봉사공구카페를 자주 이용했는데 우수한 원어민 성우가 녹음한 MP3를 제공한다는 것은 확실히 장점이다. 또한 공구카페에서는 유명 원서의 단행본도 저렴하게 구입할 수 있다.

가격도 저렴할 뿐 아니라 언제든 다양한 책을 구입할 수 있는 방법은 '직구(직접구매)'를 이용하는 것이다. 나는 1년에 서너 번 중국 온라인서점 '당당왕'이나 중국 최대 온라인쇼핑몰 '타오바오'에서 원서를 구입하곤 한다. 회원가입이나 구매절차가 까다로운 편은 아니지만 중국어를 모르는 엄마들에게는 쉽지만은 않다. 또 처음에는 직구 방법을 잘 몰라 어려움이 있을 수 있다. 나 역시 첫 직구를 할 때 배대지(배송대행지의 준말, 해외사이트에서 물품 구매 시 배송대행지에서 물품을 대신 받아 국내로 보내준다)가 뭔지도 몰랐고 배대지를 끼지 않고 바로 배송을 받는 것도 서툴러서 결제까지 시간이 오래 걸렸다. 하지만 직접 구매하는 만큼 가격이 저렴하고 선택의 폭이 넓어 지금은 자주 애용한다. 중국 온라인서점에서 책을 검색하다 보면 그 비슷한 수준의 책이 추천목록에 뜨기 때문에 다양한 책을 살펴볼 수도 있다.

중국 도서를 판매하는 국내 서점

화문서적
http://www.huawen.co.kr/main/index

샨샨어린이중국어서점
http://www.shanshan.co.kr/index.php

차이나북(China book)
http://www.chinabook.co.kr/main/index

공동구매 사이트

심봉사공구카페
http://cafe.naver.com/simbongsa09

중국 온라인사이트

당당왕
http://book.dangdang.com/

타오바오
https://www.taobao.com/

중국 원서를 구입하는 방법으로는 중국 도서를 직접 수입하여 판매하는 국내 서점이나 공구카페를 이용하거나 중국 온라인 서점에서 직접 구매하는 방법이 있다. 오른쪽은 차이나북과 당당왕의 메인 페이지.

체계적인 진행을 편안해하는 아이, 주력 교재를 정해 집중하기

수업을 하다 보면 아이들이라고 해서 꼭 '놀이'만 좋아하는 건 아니라는 사실을 깨닫게 된다. 유아 중국어 수업은 다양한 방법을 접목해 이끌어나가는데, 예를 들면 몸을 움직이는 신체활동, 신나는 챈트나 노래활동, 요리나 미술과 같은 오감으로 체험하는 활동 등 '체험, 놀이식 수업'을 주로 한다. 하지만 가끔 신체활동을 거부하는 아이도 있고 노래를 잘 따라 부르지 않는 아이도 있어서 당황스러울 때가 적지 않다. 아이마다 좋아하는 활동과 수업방식이 다 제각각이다.

그중에서도 가끔은 자유로운 놀이 형식이 아닌 활동지나 학습방식을 더 선호하는 아이들을 만나곤 한다. 원래 기질적으로 창작적이고 자유로운 것보다 질서 있고 체계적이며 순차적인 진행을 편안해하는 아이들이다. 이런 아이들의 경우 이것저것 조금씩 손대는 방식으로 가르치면 쉽게 지치고 범위가 너무 방대해도 싫어한다. 예를 들어 어제는 이 책으로 중국어 동요를 조금 배우고 오늘은 저 책으로 중국어 단어를 익히면 머릿속에 정리가 안 되는 느낌이 들어 거부하기도 한다. 순서대로, 예상대로 진행되는 방식을 좋아하고 학습적인 방식도 받아들일 준비가 충분히 된 아이들은 체계적인 중국어 학습 교재를 골라 단계별로 밟아나가는 것이 좋다.

그렇다고 성인용 교재처럼 딱딱하고 어려운 교재를 골라서는 안 된다.

가벼운 마음으로 즐겁게 배우되 주력 교재를 중심에 두고 진행하여 아이가 좀 더 체계적이라고 느낄 수 있도록 해야 한다. 교재는 유아나 어린이용 중에 선택해야 하는데 사실 한국에서 선택의 폭은 그다지 넓지 않다.

특히 유아 중국어 교재의 경우 종류도 많지 않지만 워크북과 연습용 자료가 부족하다는 점이 개인적으로 아쉽다. 중국어와 달리 영어는 선택장애가 올 정도로 유아들을 위한 교재가 많아서 워크북이나 활동지도 얼마든지 구할 수 있지만 중국어는 아무리 뒤져도 손에 꼽을 정도니 말이다.

다행히 초등 어린이 중국어 교재는 최근 출판사별로 다양하게 출간되어 선택의 폭도 넓어졌고 질 좋은 프로그램들을 많이 만나볼 수 있다. 내가 처음 어린이 중국어 수업을 시작할 때만 해도 교재의 종류가 많지 않았으나 요즘에는 종류도 많아지고 체계적으로 공부해나갈 수 있도록 5, 6단계까지 교재가 구성되어 있다. 대부분의 교재에는 멀티 CD가 있어 컴퓨터로 플래시 학습이 가능하며 단어카드를 제공하는 경우도 많다.

교재로 엄마표 중국어를 진행할 때는 다음 단계를 따른다.

먼저 교재를 정한다. 이때 엄마가 일방적으로 교재를 정하기보다는 아이와 함께 가까운 서점을 방문해서 책을 들춰보고 결정하는 것이 좋다. 전체적인 분위기와 교재 주인공들의 캐릭터 정도만 살펴본 뒤 아이가 선호하는 책으로 고른다. 아이가 공부하고 싶은 교재를 스스로 정하게 하면 동기부여가 될 것이다. 만약 아이가 7세이거나 인지가 빠른 6세라면 초등교재의 1, 2레벨 정도는 어렵지 않게 따라갈 수 있을 것이다(만약 아이의 연령이 7세 미만이라면 초등 교재의 내용은 아직 어려울 수 있으니 유아 중국어 교재를 선택하도록 한다).

교재를 정했다면, 이제 아이 연령과 패턴에 맞게 1주일이나 2주일에 한 과씩 떼는 식으로 스케줄을 짜서 학습을 진행한다. 아이가 충분히 익힐 시간을 주되 내용을 전부 다 파악하지 못하더라도 계획대로 다음 과로 넘어가도록 한다. 엄마들 중에는 아이가 내용을 다 숙지한 뒤에 다음으로 넘어가려는 경우가 있는데 그렇게 하면 아이들이 중국어 학습에 부담을 느끼고 흥미를 잃는다. 내용을 모두 보았다면 비록 다 인지하지 못했더라도 다음으로 넘어가는 것이 좋다. 한 권을 다 보고 난 뒤에는 처음부터 가볍게 리뷰한다.

마지막으로 교재에서 무엇을 제공하는지 알아보고 적극 활용한다. 대부분의 유아·어린이 학습용 중국어 교재에는 오디오 CD, 멀티 CD, 단어카드, 워크북, 학습동영상 등이 포함되어 있다. 교재를 먼저 보기보다 멀티 CD를 보며 내용을 가볍게 파악하고 교재로 학습한 뒤 워크북의 활동지로 내용을 확인한다. 그런 후에 단어카드로 주요 어휘를 반복, 암기하는 과정을 갖도록 한다.

체계적인 방법에 안정감을 느끼는 아이

1. 아이와 함께 주력 교재 정하기
2. 아이와 함께 공부 스케줄 짜기
3. 제공되는 모든 콘텐츠를 활용해 재미있게 학습하기

유아용 중국어 교재

중국어에 관한 정보 수집이 어려운 엄마들을 위해 유아 교재들을 소개하자면, 유치원과 같은 기관에서 사용하는 교재로 『뽀뽀와 구루몽의 신나는 중국어』(샤오팡), 『아이 중국어 붐붐』(동양북스) 등이 있다. 교재 외에도 플래시 CD가 있어 재미있게 활용할 수 있다. 기관에서 사용하는 교재는 각 사이트에서 판매하거나 상담 문의하여 구입 가능하나, 다른 교재에 비해 상대적으로 권당 가격이 비싼 편이다.

온·오프라인 서점에서 언제든 바로 구입할 수 있는 유아 교재로는 『꼬마 판다 나나의 말문이 빵 터지는 세 마디 중국어 단어 + 패턴책』(노란우산)이 있다. 이 책은 필자가 직접 집필한 교재인데 그동안 아이들과 수업하면서, 또 내 아이와 엄마표 중국어를 진행하며 꼭 필요하다고 느낀 것들을 양적·질적으로 채워넣으려 애썼다. 30가지 스토리와 주제별 단어 및 패턴 등을 담았는데, 아이들이 공부하고 싶어도 교재나 활동이 없어서 하지 못하는 일이 없길 바라는 마음으로 집필했다.

『꼬마 판다 나나의 말문이 빵 터지는 세 마디 중국어 단어 + 패턴책』

승부욕이 강한 아이, 게임으로 매일매일 신나게!

내 남편은 내가 참 이상하단다. 저녁쯤 되면 거실 구석에 한자리 차지하고 누워 "오늘도 애들 보느라 힘들었다"며 퀭한 눈으로 지친 체력을 호소하던 여자가 마트나 백화점에 가면 어디서 그런 에너지가 나오는지 뺑뺑 몇 바퀴를 돌아도 쌩쌩하다고 말이다. 그러게 말이다. 매일 육아와 일에 지쳐서 더는 짜낼 힘도 없다고 하면서도 쇼핑은 3시간을 온전히 채우고도 늘 아쉬움이 남으니 어디서 그런 체력이 나오는지 나도 가끔 신기하다. 내가 좋아하니까, 재미있으니까, 그래서 신이 나니까 쇼핑은 늘 즐겁다.

아이들도 마찬가지일 것이다. 즐겁고 재미있어야 중국어도 신나게 배울 수 있다. 책을 좋아하는 아이도 있지만 모든 아이가 책을 환영하는 것은 아니다. 아이마다 좋아하는 것이 다르고 정도의 차이도 있다. 일방적으로 내용을 전달하는 책이나 DVD에는 반응이 시큰둥한데 승부욕을 자극하는 게임이나 놀이에는 환장하는 아이라면 그 방법으로 중국어를 들이밀어야 맞다.

단 게임을 하기에 앞서 명심해야 할 것이 두 가지가 있다.

첫째, 게임이 만만해야 하고 룰이 복잡하지 않아야 한다. 여기서 하고자 하는 게임은 중국어가 메인이다. 게임을 통해 중국어와 더욱 친해지고 나아가 중국어를 익히는 게 목적이다. 그런데 룰이 복잡하거나 어려우면 중국어를 제대로 즐기기가 어렵다. 우리가 일반적으로 잘 알고 있는 369게임이나 빙고 게임 정도의 수준이 적당하다. 절대 거창하고 대단한 게임을 생각하지 말자. 엄마가 준비할 것이 적고 룰이 간단해야 지속할 수 있다.

둘째, 엄마가 게임 시간 내내 중국어로 떠들지 않아도 된다. 원어민 선생님을 초빙해서 긴장과 부담이 가득한 게임을 하고자 하는 것이 아니다. 엄마랑 게임을 즐기되 그 내용이 중국어 단어나 문장이 되면 된다. 게임룰 설명까지 굳이 중국어로 하려고 시도할 필요도 없다.

단어카드를 이용한 징검다리 놀이

단어카드를 여러 장 바닥에 깔고 카드 위를 지나가면서 중국어로 단어를 말하는 놀이다. 더 짧은 시간 안에 단어를 모두 읽고 지나간 사람이 승리한다. 이 게임은 단어카드와 타이머만 있으면 짧은 시간 안에 재미있게 많은 단어를 익힐 수 있다.

또 룰을 조금 바꿔서 엄마와 아이가 양쪽 끝에 서서 가위바위보를 한 뒤 이긴 사람만 단어를 말하며 한 칸씩 전진한다. 먼저 반대편까지 도달하는 사람이 이긴다.

단어카드를 이용한 낚시 놀이

집에 낚시 장난감이 있다면 장난감을 이용하고 없다면 실과 자석이 필요

자석을 실 끝에 묶고 단어카드에는 클립을 끼우면 낚시를 하듯 단어카드를 집어올릴 수 있다.

하다. 자석을 실 끝에 묶고 단어카드에는 클립을 끼워 낚시 게임을 즐겨보자. 낚시로 잡은 단어카드를 큰 소리로 읽으며 단어를 익힐 수 있는데 이 게임은 유아부터 초등학생까지 아주 재미있게 즐길 수 있다.

게임 도구를 이용한 단어, 문장 게임

뽕망치나 룰렛 게임 같은 장난감을 도구로 이용해 손쉽게 할 수 있는 게임이다. 단어를 놓고 엄마가 말하는 단어를 뽕망치로 때리는 게임은 아주 간단하면서도 재미있다. 중국어 단어를 하나씩 번갈아가며 말하면서 불독의 이빨을 누르다가 불독 입이 닫히면 걸리는 게임은 재미

게임 도구를 이용해 단어나 문장을 공부하면 재미도 있고 스릴도 있다.

백점, 스릴 만점으로 아이들이 다시 하자고 조를 정도다. 문구점에 가면 3,000원 내외로 저렴하게 구입 가능한 게임 도구가 많다.

땅따먹기 놀이

스케치북에 땅을 그리고 구역을 여러 개로 나눈다. 칸 안에 배울 단어를 적거나 그려 넣는다. 예를 들어 숫자를 익힌다면 숫자를 적어 넣고 과일을 익힌다면 과일 이름을 적어 넣거나 (글을 모르는 경우) 그림을 그려 넣는다. 동전을 엄지와 검지로 튕겨 동전이 칸 안에 완전히 들어가면 자신의 땅이 된다. 해당 칸의 단어를 중국어로 말하고 자신의 영역 표시를 하는데 땅을 많이 가진 사람이 승리하는 게임이다.

준비물이 필요 없는 국민게임, 369게임

준비물 없이 언제든 즐길 수 있는 게임으로 369게임이 있다. 돌아가며 숫자 순으로 하나씩 중국어로 말하면 되는데 3, 6, 9가 나오는 숫자는 말하지 않고 박수를 치는 방식이다. 틀리는 사람이 나올 때까지 계속 진행한다. 이 게임으로 중국어 숫자를 재미있게 연습할 수 있다.

아이가 어리다면 먼저 1부터 두 자리 수까지 중국어로 말하기를 충분히 연습해본다. 그러고 나서 규칙을 적용해 게임을 하도록 한다.

1, 2, 박수, 4, 5, 박수, 7, 8, 박수, 10, 11, 12, 박수, 14, 15, 박수…….

긴장감 최고! 60초 미션 완료 놀이

다양한 주제와 다양한 게임 룰을 적용할 수 있다.

예를 들어 오늘 본 책에서 기억에 남는 문장 6개를 적는다. 문장을 적은 종이를 접어서 내용을 볼 수 없게 한 후 엄마와 아이가 3장씩 랜덤으로 뽑는다. 문장을 순서대로 나열한 뒤 돌아가며 자신이 뽑은 문장을 외치는데 60초 안에 6문장을 모두 끝내야 한다. 이 게임은 서로 경쟁하는 것보다 협업해서 60초 안에 미션을 완수하는 것을 목표로 하면 더 재미있다. 일부러 엄마가 틀리고 잘 못 읽는 척하면 아이는 더 열심히 달려들어 미션을 완성하려고 할 것이다(한글 문장을 읽을 수 없는 아이의 경우 그림을 보고 문장을 외치도록 해보자).

문장이 아니어도 좋다. 적당한 개수의 단어를 적어서 60초 안에 돌아가며 외치는 것도 좋고 아이가 외치는 단어를 잘 듣고 엄마가 단어카드를 찾는 게임을 할 수도 있다. 정해진 시간 내에 특정한 미션을 완수하면 된다. 미션은 아이의 수준을 고려해 단어, 문장, 한자 읽기 등 다양하게 정하면 된다.

공짜로 즐기는 전단지 활용 게임

전단지 게임 1

전단지를 이용해 '색깔 빨리 찾기' 게임을 해볼 수 있다. 예를 들어 엄마는 빨간색(紅色)을 찾고 아이는 흰색(白色)을 전단지에서 찾아 동그라미 표시를 한다. 누가 더 빨리 찾는지 누가 더 많이 찾는지 룰을 정해 승자를 가린다.

전단지 게임 2

전단지의 숫자를 읽는 게임을 해보자. 엄마가 말하는 물건을 빨리 찾고 금액에 적힌 숫자를 중국어로 읽어보는 것이다. 만약 엄마가 "딸기!" 하고 외치면 아이는 딸기를 찾아 금액에 적힌 숫자를 읽어본다. 여기서 난이도를 조절할 수 있는데 연령이 어리면 100이나 1,000단위는 생략하고 숫자를 하나하나 읽도록 한다. 예를 들어 5,900원이면 중국어로 오, 구, 공, 공 (우, 지오우, 링, 링)을 하나하나 읽는 것이다. 만약 1,000단위도 아는 아이라면 오천구백(우치엔지오우우바이)을 그대로 읽게 하면 된다.

스피드 단어 게임

단어카드나 그림카드를 준비한다. 한 사람은 단어를 설명하고 다른 한 사람은 설명을 듣고 중국어로 단어를 맞힌다. 특히 동물, 감정, 동작동사와 같은 주제는 동작으로 묘사하여 맞히기 놀이를 하면 아이들이 무척 재미있어한다.

간단하게라도 중국어로 단어를 설명하면 더욱 효과적이지만 한국어로 설명하고 중국어로 단어를 맞히는 방식도 중국어를 게임으로 즐기는 훌륭한 방법이다.

어느 주제든지 적용 가능한 만능 빙고 게임

빙고 게임을 통해 다양한 주제의 단어를 연습할 수 있다. 요즘 아이가 익힌 주제가 과일이라면 과일 명칭으로 게임을 즐기고, 잘 안 외워지는 단어가 있다면 그런 단어들을 정리해두었다가 게임에 활용해도 좋다. 칸에 단어를 적을 때 한자나 한어병음을 적으면 좋겠지만 입문, 초급 수준에서는 한글로 적거나 그림으로 표현해도 좋다.

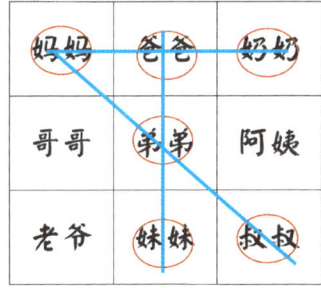 

빙고 게임은 다양한 주제의 단어를 연습할 수 있다.

빙고 게임 1

가로, 세로 같은 수의 칸을 나눈 뒤 단어를 적고 순서대로 한 사람씩 돌아가며 단어를 말한다. 해당 단어가 자신에게 있으면 '○' 표시를 한다. 그렇게 표시한 단어들이 가로, 세로, 대각선으로 일렬을 이루도록 만드는 게임이다. 9칸이면 3줄, 16칸이면 4줄, 25칸이면 5줄이 먼저 완성되어야 이긴다. 그리고 "빙고!" 하고 먼저 외쳐야 진정한 승자라는 것을 잊지 말자.

빙고 게임 2

긴 띠 모양으로 자른 종이에 적당한 수의 칸을 나눈다. 정해진 주제에 맞게 단어를 칸에 채워넣는다. 순서대로 돌아가며 단어를 하나씩 외친다. 해당 단어가 종이의 맨 가장자리 양쪽 중 어딘가에 있다면 찢을 수 있다 (만약 가운데 있다면 찢을 수 없다). 단어를 모두 찢은 사람이 승자가 된다.

입을 꼭 다문 아이,
말할 수 있는 상황을 만들어주자

학창시절 영어캠프에 두어 번 참여한 적이 있다. 지금은 대부분의 활동이 가물가물하지만 여전히 생생하게 기억에 남는 시간이 있다. 바로 상황 영어 체험 시간이다. 슈퍼마켓, 병원, 미용실, 레스토랑, 공항 등 주어진 상황에서 그간 배운 표현을 사용해보는 시간이었다. 슈퍼마켓에서는 영어를 사용해 물건을 구입해야 했고 공항에서는 정해진 문장을 소화한 뒤 여권에 도장을 꽝 받아야 했다.

영어를 썩 잘하지도 못했고 영어울렁증 때문에 다른 사람 앞에서 영어로 말한다는 것은 상상만 해도 몸이 움츠러들던 나였지만 일단 상황이 닥치니 안 할 수가 없었다. 부끄러움에 몸이 비비 꼬여도 영어로 말을 해야만 통과할 수 있으니 말이다. 내 순서가 다가올수록 가슴이 콩닥콩닥 뛰고 안 할 수만 있다면 안 하고 싶었지만 도망갈 곳도 딱히 없었기 때문에 순서가 닥치면 좌우지간 무슨 말이라도 해야 했다. 나는 선생님께서 미리 나눠준 종이에 적힌 문장을 그 자리에서 열심히 외워 바로바로 써먹었다. 대단한 문장도 아니었고 내가 생각해서 뱉어낸 것도 아니었지만, 평소라면 영어로 입도 뻥끗 안 했을 게 뻔한데 그렇게라도 하고 나니 뭔가 해낸 기분이 들었다. 처음 시작은 부담스러웠지만 내가 말한 영어 문장을 다른 사람이 알아듣고 반응을 보이고 대화가 된다는 사실에 나중에는 아주 신이 났다. 발음이 좋든 나쁘든, 맞든 틀리든 신나게 떠들어댔던 기억이 아직도 인상 깊게 남아 있다. 닥치면 다 하게 되나 보다.

만약 아이가 중국어로 말을 하도록 유도하고 싶다면 상황을 만들어보자. 아는 단어를 입으로 잘 뱉어내는 아이도 있지만 알고 있어도 한국어로만 이야기하려는 아이도 있다. 후자의 경우에는 중국어로 말하라고 자꾸 강요하기도 힘든 일이고 화를 내면 역효과만 난다.

아이들은 단순해서 하라고 하면 더 안 하려 들지만 해야 할 이유가 생기면 스스로 적극적으로 한다. "중국어로 말해봐"라고 강요하지 말고 할 수밖에 없는 상황을 만들어보자. 마치 영어캠프의 상황 미션처럼 말이다.

생활에서 중국어를 꼭 쓸 수밖에 없는 '생존 중국어' 상황을 만들어보자. 중국어를 사용해야만 간식을 준다거나 중국어로 말해야만 TV 시청을 허락해준다거나 하는 조건을 걸어본다. 조금 치사해 보일지 몰라도 중국어를 도통 입 밖으로 내뱉지 않는 아이들에게도 잘 통하는 방법이 바로 '생존 중국어 말하기'다. 자신이 원하는 것을 얻어내려면 중국어를 사용해야 하기 때문에 아이들은 입을 열 수밖에 없다.

아이에게 이 상황만큼은 중국어로 말해야 들어주겠다고 먼저 이야기를 해두자. 예를 들어 "오늘부터 과자가 먹고 싶으면 중국어로 말하는 거야. 그러면 엄마가 줄게"라고 아이에게 설명한다.

처음에는 하기 싫다고 할 수도 있다. 그러나 과자를 먹기 위해서, TV 프로그램을 보기 위해서라면 아이들은 기꺼이 한 단어 한 단어 떠듬떠듬 시도해볼 것이다. 그때는 무조건 칭찬해주면 된다. 단 한 단어라도 입 밖으로 꺼냈다면 절반의 성공이다. 앞으로 아이는 그 상황에서 그 한 단어만큼은 잊지 않고 뱉어낼 것이다. 얼마나 기특하고 대견한지 충분히 칭찬하고 격려해줌으로써 아이 스스로 기분 좋은 경험임을 느끼도록 한다. 그리고 아주 천천히 다른 한 단어를 이어주고 살을 붙여나가도록 한다. 성급해할 필요는 없다. 아이에게 간식을 줄 상황은 앞으로도 매일같이 수도 없이 있기 때문이다.

아이가 그 상황에 필요한 단어나 문장을 이미 알고 있다면 따로 알려줄 필요가 없지만 만약 모른다면 문장을 알려주면 된다. 영어캠프에서 선생님이 나눠준 예시 문장이 있었듯이 아이에게 필요한 문장을 한두 가지 알려주자.

중국어 나이 0세, 1세 단계의 생존 중국어는 몇 가지 표현만 반복해도 충분하다. 간단한 문장 몇 가지를 알면 단어만 바꿔 수십 수백 개의 문장을 만들어낼 수 있다. '주세요'라는 동사를 알면 동사 옆에 '과자, 바나나, 주스, 컵, 연필' 등 단어만 갖다 붙이면 된다. 아이들이 엄마에게 부탁할 때 쓰는 말들을 중국어로 할 수 있게끔 유도해보자.

생존 중국어는 하루 종일 생활중국어를 100퍼센트 사용하는 게 아니다. 아이가 특정한 상황에서 중국어로 한두 단어라도 뱉어내도록 유도하라는 것이다. 아이들은 아직 어리기 때문에 중국어의 가치나 중국의 발전상과 영향력 같은 추상적인 개념은 이해하기 어렵다.

만약 주위에 중국인 친구가 있어서 중국어로 소통할 기회가 많고 '아, 저 친구랑 말을 하려면 중국어를 배워야겠구나!' 하고 아이가 직접 느끼면 좋겠지만 중국인 친구를 찾는 것도 쉽지 않아 현실적으로는 어려운 일이다. 아직 보이지 않는 가치를 이해하기 어려운 어린아이라면 중국어를 꼭 써야 하는 상황을 직접 조성해 다른 방식으로라도 이끌어주면 된다.

내가 아이에게 "이 말을 중국어로 하면 들어줄게" 했던 말 중에 아이가 가장 많이 사용한 말은 "빠오빠오워(抱抱我, 안아주세요)"였다. TV를 보다 아이가 "빠오빠오워" 하면 안아주고, 부엌에서 일을 하다 아이가 "빠오빠오워" 하면 기쁜 마음으로 달려가 꽉 안아주곤 했다. 안아주고 돌아서는 나에게 아이가 중국어로 안아달라는 말을 반복하는 장난을 쳐서 서로 숨 넘어갈 듯 웃어댄 적도 있다. "빠오빠오워"는 아이가 몇 번을 반복해도 행복하고 즐거운 말이었다.

중국어를 알면서도 아이가 말로 표현하지 않을 수 있다. 아이의 성향에 따라 차이가 날 수 있다는 말이다. 하지만 중국어로 말할 기회를 계속해서 늘려나가다 보면 아이는 중국어로 말하기를 전보다 자연스러워할 것이다. 엄마와 놀이처럼 즐겁게 한 문장 한 문장 늘려가도록 하자.

할 수 있어도 말하지 않는 아이

1. 중국어의 필요성이 아이의 피부에 와 닿도록 엄마가 직접 상황을 만들어줄 것!
2. "~주세요" 혹은 "~하고 싶어요"와 같이 요구사항을 중국어로 말하면 들어준다고 설명하자.
3. 문장은 가장 간단하고 쉬운 것부터 시작하며, 일관성 있게 중국어로 말했을 때만 반응을 보여야 지속적으로 할 수 있다.

집에서 아이와 함께하는 생존 중국어

#아이가 엄마에게 무언가를 부탁할 때

나랑 같이 놀아요.

跟我一起玩儿。
Gēn wǒ yìqǐ wánr.
껀 워 이치 왈

엄마, 도와주세요.

妈妈，帮助我。
Māma, bāngzhù wǒ.
마마, 빵쥬 워

TV보고 싶어요.

我想看电视。
Wǒ xiǎng kàn diànshì.
워 시앙 칸 띠엔슬

배고파요.

我饿了。
Wǒ è le.
워 으어러

이거 필요해요.

我要这个。
Wǒ yào zhège.
워 야오 쪄거

초콜릿 먹고 싶어요.

我想吃巧克力。
Wǒ xiǎng chī qiǎokèlì.
워 시앙 츨 치아오커리

_____ 주세요.

给我_____。
Gěi wǒ
게이 워

과자 주세요.

给我饼干。
Gěi wǒ bǐnggān.
게이 워 삥거

우유 주세요.

给我牛奶。
Gěi wǒ niúnǎi.
게이 워 니오우나이

주스 주세요.

给我果汁。
Gěi wǒ guǒzhī.
게이 워 구어즐

사과 주세요.

给我苹果。
Gěi wǒ píngguǒ.
게이 워 핑구어

이것 주세요.

给我这个。
Gěi wǒ zhège.
게이 워 쪄거

저것 주세요.

给我那个。
Gěi wǒ nàge.
게이 워 나거

#아이가 무언가를 하고 싶을 때

_____ 하고 싶어요.

我想_____。
wǒ xiǎng
워 시앙

보고 싶어요.

我想看。
Wǒ xiǎng kàn.
워 시앙 칸

먹고 싶어요.

我想吃。
Wǒ xiǎng chī.
워 시앙 츨

마시고 싶어요.

我想喝。
Wǒ xiǎng hē.
워 시앙 흐어

자고 싶어요.

我想睡觉。
Wǒ xiǎng shuìjiào.
워 시앙 수이지아오

나가고 싶어요.

我想出去。
Wǒ xiǎng chūqu.
워 시앙 추취

---

* 한글 발음에 의지하여 중국어를 학습하는 것은 좋은 방법이 아니지만 중국어 발음을 전혀 모르는 엄마들을 위해 한글도 함께 적었다. 자세한 내용은 QR코드를 통해 강의를 들어보자.

집중력이 부족한 아이,
타이머와 칭찬스티커를 준비하자

온 세상이 궁금하고 호기심이 가득한 아이들이기에 집중 시간이 짧은 것은 당연한 일이다. 아이들은 책상 앞에 앉아 있는 것보다 움직이는 것을 더 좋아하고, 가만히 있는 것보다 이것저것 만져보고 느껴보고 싶어하기 때문이다. 하지만 유난히 집중력이 부족하거나 중국어에 흥미를 붙이지 못해 자꾸만 엉덩이를 들썩거려 학습을 진행하기 어려운 경우라면 아주 짧은 시간을 이용해 바짝 집중하고 그에 따른 보상을 즉각 제공하는 방법을 사용해보자.

딱 1분도 괜찮다. 타이머를 맞춰놓고 1분간 중국어 단어 따라 외치기 혹은 문장 외치기를 해보자. "엄마랑 딱 1분 동안 중국어 단어를 큰 소리로 외쳐볼 거야. 1분이 다 돼서 타이머가 띠링 띠링 울릴 때까지만 하면 돼"라고 아이한테 설명해주고 엄마도 아이와 함께 단어나 문장을 외쳐보자. 1분이 지나면 아이에게 잘했다고 진심을 담아 칭찬해주면 된다. 그리고 아이 손에 곧바로 칭찬스티커를 쥐어주자.

단 1분이지만 아이가 '어렵지 않네! 중국어 할 만하네!', '벌써 1분이 끝났어? 금방이잖아?'라는 느낌을 받을 수 있도록 하는 것이 관건이다. 아주 짧은 시간이라도 아이가 해낸 것에 대해 칭찬을 해주거나 즉각적인 보상을 해준다면 아이는 자신감을 얻어 나중에는 시간이 더 길어져도 충분히 소화할 수 있게 된다. 작은 성공이 여러 번 쌓이면 큰 성공도 가능하다는 자신감이 생기기 때문이다.

시간을 늘릴 때는 1분에서 10분으로 한 번에 확 늘리면 안 된다. 1분이 만만해져서 짧다고 느낄 정도가 되면 2분, 그 다음은 3분, 5분, 10분으로 아주 천천히 늘려가도록 한다. 만약 타이머를 맞추고 진행할 때 아이가 시간 안에 끝내려고 조바심을 내거나 거부한다면 굳이 타이머를 꺼내들 필요가 없다. 이때 타이머는 집중력이 부족한 아이를 위해 아주 짧은 시간 동안 진행하여 집중력을 높이고 또 아이로 하여금 중국어가 쉽고 만만하다고 느끼게 하려는 목적으로 사용하는 것이다.

타이머를 적용하기 어려운 경우에는 하루 한 쪽처럼 아주 가볍게 해낼 수 있는 것으로 아이에게 성취감과 자신감을 심어주도록 한다. 집중 시간이 짧은 아이는 한 번에 할 분량을 두세 번으로 나눠 하는 편이 더 효과적이다.

처음에는 엄마의 참여와 응원이 필수다. 1분이라는 시간과 과제만 던져주고 아이더러 미션을 완료하라고 강요하면 안 된다. 함께하는 게 제일 좋고 옆에서 응원의 눈빛과 박수를 보내주는 것도 좋다. 그리고 매일 밥 먹는 것처럼 습관이 되었을 때쯤엔 조금 떨어져서 지켜봐줘도 괜찮다. 시간이 흘러 시키지 않아도 스스로 할 정도가 되면 실행 여부를 확인하기만 해도 되는 날이 올 것이다.

칭찬스티커는 1분이 지나서 알람이 울리면 아이가 바로바로 붙일 수 있도록 해야 한다. 한 시간이 지나서 스티커를 붙이면 아무런 의미가 없다.

또 아이가 직접 붙여야지 엄마가 붙이면 동기유발이 되지 않는다. 칭찬스티커든 달콤한 초콜릿 한 조각이든 즉각적으로 보상을 하는 게 중요하다. 스티커를 100개 모아야 선물을 주는 식으로 보상을 너무 오래 지연하면 집중력과 인내력이 부족한 아이에게는 보상에 대한 매력이 떨어진다. 작고 사소해도 괜찮다. 아이들은 크고 대단한 것에만 감동을 느끼는 게 아니다. 아이들은 작고 사소한 보상에도 즐거워한다는 것을 기억하자.

집중시간이 짧은 아이

타이머와 칭찬스티커를 활용해 짧은 시간에 바짝 집중할 수 있도록 유도하자. 칭찬은 즉각적으로, 보상은 짧은 시간 안에 받을 수 있는 것으로 계획하자.

중국어에 흥미가 없는 아이, 아이의 관심사와 접목하라

중국어를 배워야 하는 이유와 필요성을 말로 이해시키기에 아직 우리 아이들은 너무 어리다. 아이들은 중국어가 필요하기 때문이 아니라 재미있고 즐거워야 비로소 배우고 싶은 마음이 생긴다. 그래서 아이들의 흥미도는 '엄마표 중국어를 할 수 있느냐 없느냐'의 가장 중요한 요소이기도 하다. 다소 재미가 없어도 필요와 의지만 있으면 학습할 수 있는 성인과는 다르다는 것을 엄마가 알아야 한다.

아이가 중국어를 처음 듣고 "엄마, 나 중국어 할래!"라고 말해준다면 얼마나 좋을까? 그러나 대부분의 아이들은 그러지 않을 가능성이 높다. 순수하게 언어로서 중국어에 대한 매력을 온전히 느낄 아이는 별로 없을 것이다.

그래서 아이들에게는 중국어를 재미있게 느낄 수 있게끔 해줄 매개가 꼭 필요하다. 예를 들어 요즘 아이가 한창 빠져 있는 애니메이션이 있다면 그것과 관련된 중국어 책이나 DVD를 공수하여 중국어에 노출시켜보자. 중국어로 된 영상을 별로 좋아하지 않던 아이라도 자신이 좋아하는 애니메이션 주인공이 나오는 영상을 틀어주면 두 팔 벌려 환영할 것이다.

만약 아이가 요즘 좋아하는 애니메이션이나 캐릭터와 관련된 중국어 자료를 찾기 힘들다면 캐릭터 인형이나 장난감을 활용해보자. 우리 아이가 카봇에 한창 빠져 지낼 때 카봇 관련 중국어 책이나 DVD를 찾아보니 아쉽게도 전혀 없었다. 카봇이라면 환장하니 카봇과 관련된 것이라면 뭘 들이밀어도 좋아할 텐데 말이다. 나는 아쉬운 대로 장난감을 활용했다. 예를 들어 암기한 단어카드를 카봇 친구들에게 한 장씩 나눠주는 놀이를 하거나 카봇 장난감들을 마치 학생인 것처럼 앉혀놓고 아이가 선생님이 되어 오늘 익힌 중국어 내용을 가르치게 했다.

"친구들에게 중국어를 가르쳐주면 어떨까? 민영이는 엄마랑 공부해서 잘 알지만 카봇 친구들은 중국어를 하나도 모른데. 다음에 카봇 친구들을 데리고 중국 여행을 가려면 민영이가 많이 알려줘야 할 것 같은데 어쩌지?"

엄마의 어설픈 연기가 안 먹힐 만도 한데 아이는 자신이 그토록 아끼는 카봇 친구들에게 가르쳐준다고 생각하니 마냥 즐거운지 무척 신이 났다. 그냥 "단어를 외워보자, 책을 읽어보자"라고 하면 "나중에요"라고 말하던 아이였는데 자신이 좋아하는 것을 중간에 집어넣으니 바로 "알겠어요!"로 바뀌었다.

아이가 좋아하는 활동에 중국어를 입혀볼 수도 있다. 아이가 요리하기를 좋아하면 요리활동에 중국어를 더해보자. 예를 들어 우리 아이는 매일같이 "엄마, 쿠키 만들어요!"라고 말하곤 했는데 나는 준비하고 치우고 하는 과정이 귀찮아서 매번 "다음에!"라고 미루곤 했다. 그러다가 문득 "요즘 내 관심사는 이거예요!"라고 외치는 아이의 메시지를 놓치고 있는 것은 아닌가 싶어 '아차!' 했다. 그 후로 나는 아이와 쿠키 만드는 시간을 되도록 자주 갖는다. 필요한 재료가 양에 맞게 포장되어 다른 준비가 필요 없는 '쿠키 만들기 세트'가 시중에 나와 있어 마트에 갈 때마다 몇 세트씩 구입해 아이가 원할 때마다 바로 만들 수 있었다.

아이가 좋아하는 쿠키 만들기에 중국어를 살짝 얹으면 훌륭한 '요리 중국어 시간'이 된다. 예전에 아이와 함께 본 중국어 책에 쿠키 만드는 내용이 나오는데, 그 책을 식탁 위에 펼쳐놓고 조리 순서를 중국어로 말하면서 쿠키를 만든다. 또 아이가 즐겨 보던 DVD 동영상 〈페넬로페〉에 쿠키를 만드는 에피소드가 있어서 DVD를 먼저 시청한 후에 쿠키 만들기를 시작하기도 한다. 쿠키 모양을 만들 땐 "투즈 투즈!" 외치면서 토끼 모양을 만들어 오븐에 넣고 기다릴 때는 꺼낼 시간을 중국어로 말해주거나 중국어로 카운트를 하기도 한다.

아이의 관심사로 접근하면 아이가 재미있어할 뿐 아니라 여러 번 반복해도 지겨워하지 않는다. 쿠키를 만들 때마다 중국어로 숫자를 세고 모양을 말하고 같은 책을 보고 같은 DVD를 보는데도 아이는 쿠키 만드는 과정을 늘 즐거워한다. 쿠키를 만드는 것 자체가 자신이 너무나 좋아하는 활동이기 때문이다. 아이들은 참 단순하다. 자신이 좋아하는 것과 함께라면 무슨 놀이든 즐겁다.

엄마들은 대부분 아이들이 좋아하는 것을 어느 정도 알고는 있지만 아이들의 관심사는 계속해서 바뀌기 때문에 그때그때 잘 포착해서 발 빠르게 움직여주는 센스가 필요하다. 아이를 가만히 관찰하면 요즘 아이의 관심사가 뭔지, 무슨 활동을 좋아하는지, 어떤 것에 호기심을 갖는지 파악할 수 있다. 아이의 관심사를 파악하는 것은 중국어 학습뿐 아니라 내 아이를 더 잘 이해할 수 있는 좋은 기회가 된다.

중국어에 아직 흥미가 없는 아이

아이가 요즘 가장 열광하는 것에 중국어를 살짝 얹어보자. 영상물이든 장난감이든 활동이든 아이가 좋아하는 것으로 중국어와 만나는 연결고리를 만들자.

발음을 잘 따라 하지 못하는 아이, 귀와 입 근육 훈련에 엄마 여유 더하기

하나를 알면 하나를 바로 말로 뱉어내는 아이가 있고 열 중에 아홉을 알아도 남은 하나 때문에 말하지 않는 조심스러운 아이가 있다. 잘 몰라도 배짱 있게 내뱉는 아이가 있고 알면서도 부끄러워 선뜻 입을 열지 못하는 숫기 없는 아이도 있다. 한 번 보고도 단어를 잘 기억하는 아이가 있는가 하면 수십 번 봐도 기억을 잘 못하는 아이도 있다. 앞에 나서서 외국어로 말하는 것을 즐기는 아이가 있고 외국어로 말하는 것을 아예 거부하는 아이도 있다. 처음 듣는 소리도 곧잘 흉내 내며 따라 하는 아이가 있는가 하면 열 번 들려줘도 발음을 따라 하기 어려워하는 아이가 있다.

아이들이 보이는 모습은 100이면 100 다 제각각이다. 모든 아이가 전자에 해당하면 좋겠지만 많은 아이들이 후자에 속한다. 아이가 중국어를 잘 따라 하지 않거나(못하거나) 입을 열지 않는 이유는 여러 가지가 있겠지만 만약 정확한 이유를 안다면 대안은 명확해진다.

우리 첫째 아이는 하나 알려준다고 해서 하나를 바로 뱉어내는 기특한 녀석은 아니었다. 여러 번 알려줘도 자꾸 "그게 뭐지?"라며 엄마를 답답하게 하고 방금 전에 알려준 건데도, 수십 번 말해준 건데도 전혀 못하겠다는 반응이어서 '얘가 나를 놀리는 건가?' 싶을 때도 있었다. 분명 인지하고 알아듣는 단어인데도 막상 말로 해보라고 하면 당황해서 마른침만 삼켜

댔다. 둘째 아이는 처음 듣는 단어나 문장도 복사하듯 바로바로 내뱉는데 첫째 아이는 수십 번 들어본 문장도 더듬거리기 일쑤였다.

둘째 아이는 태어난 지 8개월쯤 되었을 때부터 내가 하는 말을 그대로 흉내 냈다. 한국어든 중국어든 영어든 처음 듣는 단어라도 발음을 비슷하게 따라 했다. 같은 배에서 나온 두 아이지만 너무 달랐다. 그러다가 우연히 아이가 말을 하려면 입술 근육과 혀, 호흡과 침을 삼키는 운동 기능과 능력 등이 잘 발달되어야 한다는 사실을 알게 되었다.

그제야 왜 첫째 아이가 생소한 단어를 잘 발음하지 못했는지, 여러 번 들어서 아는 단어인데도 문장으로 말할 때마다 막히곤 했는지 진정 이해할 수 있었다. "엄마 모르겠어" 하며 울상을 지을 때마다 "엄마가 여러 번 알려줬는데 아직도 모르겠어?"라며 이해할 수 없다는 표정을 지어 보였던 내 모습이 떠올라 아이에게 얼마나 미안했는지 모른다.

아이가 할 수 있으면서도 안 하는 게 아니라 말하기 훈련이 안 되어서 못하는 것일 수 있다. 중국어 발음을 따라 하기 어려워하거나 단어가 연결된 문장을 말하기 어려워한다면 다음 방법대로 해보자.

첫 번째는 '귀 훈련'이다. 아직 중국어 소리에 충분히 익숙해지지 않아 정확하게 듣지 못할 때 입으로 뱉어내기가 어려울 수 있다. 먼저 정확한 발음이 귀에 들려야 그 소리를 복제해낼 수 있다. 쉽고 느린 중국어 CD를 골라 중국어 소리에 익숙해질 수 있는 시간을 갖자. 아이가 그림을 그리거나 블록놀이를 하거나 종이접기, 비즈공예를 하고 있을 때 CD를 틀어두어 자연스럽게 많이 듣고 귀에 익숙해지게 하자. 생소한 중국어 발음이 귀에 읽고 또 읽어 정확한 소리를 알 수 있게 하자. 이때 매번 새로운 내용을 들려주기보다는 익숙한 것이 낫고, 어느 정도 내용을 이해할 수 있는 것이 좋다.

두 번째는 '입 근육 훈련'이다. 중국어 발음에는 한국어에 없는 권설음 (혀끝을 말아올려 내는 소리)이 있고 대체적으로 한국어보다 입모양이 크고 움직임이 많으며 입술에 힘이 들어간다. 그래서 입 근육이 상대적으로 덜 발달한 아이라면 들은 소리를 그대로 발음해내는 것을 어려워할 수 있다. 이런 아이들의 경우 중국어 발음에 충분히 익숙해질 수 있도록 훈련해야 한다.

훈련이라고 해서 볼펜을 입에 물고 엄격한 발음 연습을 하는 장면을 떠올렸다면 큰 오해다. 우리 아이들의 입 근육 훈련에서 가장 필요한 건 엄마의 여유다. 같은 것을 10번 물어봐도 친절하게 10번을 대답해주는 여유. 아이가 잘 못하더라도 칭찬과 응원을 끝까지 보내주는 여유 말이다(어쩌면 엄마가 수없이 반복해야 하니 엄마의 입 훈련이라고도 할 수 있겠다).

그리고 할 수 있다면 입을 평소보다 과장되게 크게 벌려서 아이가 엄마의 입모양을 눈으로 직접 확인하고 따라 할 수 있도록 천천히 발음해주는 것도 좋은 방법이다. 들리는 소리에 보이는 입모양까지 더해지면 아이는 더 쉽게 따라 할 수 있다.

엄마가 중국어 발음을 들려주기 어렵더라도 걱정할 필요 없다. 간단하고 짧은 문장을 소리펜을 이용해 듣고 따라 하는 연습을 하는 것도 큰 도움이 된다. 패턴책이든 그림책이든 상관없으니 아이가 원하는 책을 골라 한 문장씩 듣고 따라 하는 연습을 충분히 해본다. 그러고 나서 소리펜과 함께 동시에 말하기를 해본다. 이것이 바로 귀로 듣는(listening) 동시에 입으로 따라 말하는(speaking) 쉐도잉(shadowing) 연습이다. 다만 이 시기에는 긴 문장과 너무 어려운 문장은 피하고 가볍게 따라 할 수 있는 수준의 책을 골라야 한다.

외국어를 '말'한다는 것은 '글'과 달리 순간적으로 이루어지기 때문에 평소 연습이 되어 있어야 한다. 여러 번 연습이 되어야 말이 바로 나올 수 있는데 비교적 오래 걸리는 아이가 있고, 단번에 쉽게 되는 아이가 있다. 조금 늦다고 해서 안 되는 것은 아니다. 따라 말하는 연습을 충분히 해보자. 단어부터 시작해서 짧은 패턴문장으로 넘어가자. 한 번에 완벽하게 하려고 하지 말고 수십 번 해도 된다는 마음으로 여유 있게 기다리면 믿어준 만큼 아이는 해내게 되어 있다.

어린이 중국어 수업을 하면서 다양한 아이들을 만나는데 그중에는 한두 번 듣고도 정확히 뱉어내는 아이들이 있다. 인풋과 아웃풋에 민감하게 반응하는 아이들이다. 그런데 사실 그런 뛰어난 아이들보다 여러 번 들어도 "선생님 다시 한 번 해주세요"라고 말하는 아이들이 훨씬 더 많다. 아이들의 언어 환경이 중국어가 아니기에 나는 한두 번 듣고 모르는 게 당연하다고 여기고 배운 내용을 집에서 꼭 CD로 흘려듣거나 멀티 CD를 보는 식으로 반복 노출을 시켜달라고 부모님께 부탁드리는데, 그 반복 노출을 하고 오느냐와 안 하고 오느냐의 차이가 참으로 크다. 언어에 감각이 없는 아이도 중국어에 노출이 많아지면 한두 달 지나면서 탄력이 붙는다.

그 발전 속도는 눈사람 만들 때의 눈덩이 굴리기와 같아서 처음에는 조금씩 조금씩 늘다가, 어느 정도 눈덩이가 커지면 쑥쑥 커지듯 실력도 배로 늘어난다.

중국어를 처음 배울 때는 입도 제일 안 열고 자신 없어하던 아이가 떠듬떠듬 단어를 내뱉고 어느새 자신감이 생겨 다른 아이들보다 큰 소리로 발표할 때 얼마나 대견한지 모른다. 아이가 할 수 있는 만큼 충분히 반복해서 듣게 하고 말할 기회를 주고 기다리면 어떤 아이든 다 잘 해낼 수 있다.

우리 아들은 내가 "이거 몇 번 한 건데 왜 못해?"라고 말할 때는 입을 삐죽 내밀고 "나 안 해!"라고 말하던 녀석이었다. 그런데 언젠가부터 변했다. 엄마가 할 수 있다는 여유와 믿음을 묵묵히 보여주었더니 스스로 소리펜을 들고 잘 안 되는 문장을 몇 번이고 찍어대더니만 기어코 문장으로 뱉어냈다. 마음속으로 쾌재를 불렀다. '그래, 그거야! 스스로 하려고 하는 태도! 그게 바로 내가 원하던 거야! 게임 오버!'

중국어 발음 따라 하기 어려워하는 아이

1. **귀 훈련**: 정확한 중국어 발음을 귀에 익히도록 쉽고 느린 CD를 골라 평소에 충분히 들려주자.
2. **입 근육 훈련**: ① 아이가 엄마의 입모양을 눈으로 볼 수 있도록 입을 크게 벌리고 천천히 발음한다. 자신 있게 발음할 때까지 10번을 물으면 10번 다시 알려주며 응원해주자. ② 짧고 쉬운 문장으로 쉐도잉을 해본다. 먼저 듣고 나서 따라 하는 연습을 거친 뒤에 듣는 동시에 말하는 연습을 해본다.

Part·2

실전

지금 당장
시작하세요

한눈에 보는
엄마표 중국어 실전 진행표

	중국어 나이 0세	중국어 나이 1세	중국어 나이 2세
듣기	가볍게 동요, 간단한 단어, 짧은 문장 등을 들려주는 것으로 시작해서 DVD 등을 이용해 듣기 환경이 끝까지 지속될 수 있도록 한다.		
단어조각 모으기	플래시카드, 그림사전 등을 이용해 적극적으로 단어 익히기을 시작한다.		
단어퍼즐 맞추기	패턴책으로 중국어 문형을 익혀 단어를 문장으로 연결할 수 있도록 한다. 다양한 표현이 담긴 그림책과 아름다운 중국 동시 암송으로 중국어 능력을 기른다.		
말하기	말하기는 중국어 나이 1,2세부터 가능하지만 조바심을 낼 필요는 없다. 단어가 쌓이고 문형이 파악된 중국어 3세부터는 본격적으로 우리 집 차이니즈 존 만들기, 10분 중국어 놀이 등을 통해 말하기를 시작해보자.		
읽기	그림 한자카드를 이용해 기본 글자를 익히고 난 후 간단한 책 읽기를 시작한다 (한어병음은 꼭 익히도록 하자).		
쓰기	한자 쓰기는 아이의 연령과 성향 등을 고려해 시작 시기를 정한다. 가볍게 하루 한 자로 시작해서 일기 쓰기, 편지 쓰기 등으로 흥미를 유지하며 진행한다.		

다음 표는 Part 2의 엄마표 중국어 실전 내용을 한눈에 파악할 수 있도록 만든 것이다. 아이들의 실제 연령이 아닌 중국어 나이를 기준으로 아래 표를 참고하여 엄마표 중국어를 진행해보자. 진행표만큼 중요한 것은 아이를 관찰하는 것이다. 아이의 연령과 성향, 흥미도 등에 따라 '인풋의 양'과 '아웃풋의 시기와 속도'가 모두 다르다. 그러므로 아래 표를 참고하여 내 아이를 잘 파악해 진행한다면 엄마표 중국어가 더욱 쉬워질 것이다.

중국어 나이 3세	중국어 나이 4세	중국어 나이 5세	

Chapter 1

중국어 나이 0세 가볍게 들려주기

중국어를 처음 시작하는 나이가 몇 살이든 아이의 수준은 갓난아기와 같다. 여섯 살이 되었다고 해서 중국에서 여섯 살짜리가 읽는 책을 줄 수는 없지 않겠는가. 이제 막 태어난 아이가 말을 배울 때까지 듣기만 하듯 엄마표 중국어의 시작은 중국어를 들려주는 것으로 시작하면 된다. 일정 기간은 어떤 기대도 하지 말고 그냥 들려주기만 하자. 갓난아기에게 말을 건넬 때 대답을 기대하지 않듯이 가볍게 들려주는 것으로 시작해보자. 이 장에서는 중국어 나이 0세인 아이에게 동요를 들려주고, 그림책을 읽어주면서 중국어와 친해지게 하는 방법을 알아보자.

엄마표 중국어 몇 살부터 시작해야 할까

블로그에 올라오는 단골 질문 중 하나. "우리 아이가 ○○개월(혹은 ○살)인데 중국어를 시작해도 될까요?" 만약 돌쟁이 딸을 둔 내 친구가 나에게 물어본다면 "지금부터 시작해!"라고 말할 것이고 아홉 살 아이를 둔 옆집 아주머니가 물어온다면 "지금부터 시작하세요!"라고 말할 것이다. 누가 묻든 나의 대답은 같다. "지금부터 시작하세요!"

정해진 시기는 없다. 12개월이든 열두 살이든 해야겠다는 필요성을 느꼈다면 그때가 바로 중국어를 시작해야 하는 시기가 아니겠는가? "아직 어리니까 나중에 하지 뭐" 하고 미룰 필요도 없고 "지금은 너무 늦었어" 하고 걱정할 필요도 없다. 해야겠다고 느꼈을 때가 적기다. 지금 당장 시작하되 아이의 연령에 따라 방식만 달리하면 된다.

혀가 굳지 않은 어린아이일수록 원어민에 가깝게 발음할 수 있고 모국어에 없는 발음도 정확하게 포착해낼 수 있다. 게다가 나이가 어릴수록 엄마가 가르치기도 훨씬 수월하다. 연령이 낮을수록 엄마가 이끄는 대로 잘 따라줄 확률이 높고 일찍 시작하는 만큼 마음의 여유를 갖고 느긋하게 진행할 수 있어 부담이 적다.

그러면 여덟 살은 늦은 나이일까? 결코 아니다. 처음에 엄마가 비위 맞추기가 약간 힘들 뿐 늦은 건 아니다. 오히려 동기부여만 잘 해준다면 더욱 효과적일 수 있다. 한 번에 많은 정보를 받아들일 수 있을 만큼 인지능력이 발달하는 시기이므로 비교적 단기간에 성과가 나타날 수도 있다.

중국어를 시작할 때는 무엇을 어디부터 어떻게 해야 할지 감이 잘 오지 않을 것이다. 중국어는 영어와 달리 엄마표로 해줄 수 있는 자료가 많지 않고 찾기도 쉽지 않기 때문이다. 게다가 중국어를 체계적으로 배우지 못한 사람이 더 많고 평소 접해볼 기회도 많지 않기 때문에 중국어라는 생소한 외국어를 엄마표로 시작하려면 막막할 수 있다.

그러나 앞선 걱정은 마음만 무겁게 할 뿐이다. 일단 시작하면 방법이 보이고 길이 나타난다. 앞으로 소개할 구체적인 실천 가이드를 지도 삼아 가벼운 마음으로 첫발을 디뎌보자.

중국어를 시작하는 사람은 1세든 10세든 30세든 중국어 앞에서는 갓난아기와 같다. 아이가 6세라고 해서 중국인 6세 수준의 책을 들이밀 순 없는 노릇이다. 아기는 태어나서 바로 말부터 내뱉지 않고 적어도 몇 달간은 듣기만 한다. 엄마의 따뜻한 말소리뿐 아니라 무심코 켜놓은 TV 소리나 우연히 듣게 되는 일상의 소리까지 아기는 다양하고 아주 많은 양의 모국어에 노출된다. 아기는 모국어를 꽤 많이, 꽤 오랫동안 들은 뒤에야 비로소 엄청난 노력 끝에 옹알이에서 의미가 있는 단어로 말이 트이게 된다.

중국어도 듣기가 우선이다. 처음 일정 기간은 어떠한 기대도 하지 말고 그냥 들려주자. 우리가 갓난아기에게 말을 건넬 때 대답을 기대하지 않듯이, 동요를 틀어주면서 바로 따라 하리라 기대하지 않듯이, 아무런 기대도 하지 말고 그저 듣게 하면 된다. 아주 편안하게 놀고 있을 때든지, 쉬고 있을 때든지 귀로 들을 수 있는 여건이 된다면 짧은 단어나 문장으로 된 중국어 소리에 아이를 노출시켜보자.

단, 리스닝(listening)이 아닌 히어링(hearing) 단계라는 것을 가슴에 새겨야 한다. 히어링은 주로 단순하게 귀로 듣는 것을 의미하는 반면에 리스닝은 언더스탠딩(understanding)이 포함된 듣기라고 할 수 있다. 아직 중국어가 전혀 저장되어 있지 않은 단계에서는 아이에게 들은 내용을 질문하거나 따라 하도록 강요하지 말고 그저 듣고 있다는 것만으로도 감사하게 생각해야 한다. 하나둘 아는 단어가 생긴 이후에는 리스닝을 제대로 할 수 있도록 방법을 변화시켜나가야 하겠지만 처음에는 중국어 발음이 귀에 익숙해지도록 하는 게 먼저다.

놀이를 하며 들려줘도 좋고 목욕을 하며 들려줘도 좋다. 내용에 집중하지 않는다고 해서 절대 조바심 내지 말자. 만약 아이가 조금만 더 귀를 기울여주기를 바란다면 엄마가 들은 내용을 살짝 따라 해보면 좋다.

가끔은 엄마에게 끄라고 하는 아이도 있는데 그럴 땐 바로 끄는 게 좋다. 그리고 다음 날 다시 시도해보고 "엄마가 듣고 싶은데 조금만 들으면 안 될까? 5분만 듣고 끌게" 하며 '들으라고 강요하는 게 아니라 엄마가 듣고 싶어서'라는 핑계를 대면 아이들은 대부분 양보하기 마련이다. 그리고 아이의 태도를 봐가며 듣기 시간을 천천히 늘려가는 것도 방법이다.

중국어 시작할 때 동요는 언제나 옳다

동요를 싫어하는 아이가 있을까? 좀 더 열정적으로 반응하는 아이와 덜 반응하는 아이의 차이는 있어도 동요를 싫어하는 아이는 없다. 그래서 동요를 이용하면 중국어를 부담 없이 가볍게 시작할 수 있다. 동요는 멜로디가 있어서 아이들도 엄마도 듣고 있기에 부담스럽지 않다. 또 반복되는 부분이 많아 더욱 쉽게 느껴진다. 다만 멜로디 때문에 동요에서는 중국어의 성조(음의 높낮이)가 사라지니 성조가 살아 있는 내레이션 혹은 챈트 버전이 함께 수록된 동요를 고르는 것이 좋다.

내 아이에게 맞는 동요 선택하기

중국 동요에도 종류가 다양하다. '작은 별', '생일축하합니다'와 같이 전 세계적으로 유명한 동요가 있고, 중국 현지 아이들이 즐겨 부르는 전통적이고 대중적인 중국 동요도 있다. 그리고 한국에서 학습 용도에 맞게 각색한 학습용 동요 등 종류가 다양하다.

아이들이 가장 쉽고 편안하게 들을 수 있는 동요는 우리나라 아이들도 즐겨 불러서 비교적 멜로디가 익숙한 세계적인 동요다. 가사가 약간씩 다를 수는 있지만 대체로 내용과 의미는 비슷하다.

학습을 위해 만들어진 동요는 보통 노래에 주제가 담겨 있다. 예를 들어

인사, 과일, 신체, 동물 등 주제의 틀 안에서 단어와 간단한 패턴 한두 가지를 반복해 중국어를 쉽게 배울 수 있도록 만들어졌다. 멜로디는 익숙하지 않을 가능성이 높으나 가사와 멜로디의 반복이 많아 쉽게 배울 수 있고 실생활에서 패턴을 이용하여 회화로 확장할 수 있다는 장점이 있다.

중국의 현지 아이들이 즐겨 부르는 동요는 멜로디가 익숙지 않아 처음에는 비교적 어렵게 느낄 수 있다. 그러나 중국적인 멜로디나 가사에서 다른 동요에서는 만나기 어려운 독특함을 느낄 수 있다.

나는 개인적으로 세 가지 유형 모두 접해볼 것을 추천한다. 익숙한 멜로디부터 시작해서 아이들의 호기심을 자극하고 단어와 패턴을 쉽게 익힐 수 있는 학습용 노래를 통해 확장한 뒤, 중국 아이들이 즐겨 부르는 노래를 통해 간접적으로 중국 문화를 접하고 느껴보는 것이다.

그러나 그렇다고 해서 세 가지 유형의 동요에 단계적으로 접근해야 하는 것은 아니다. 비슷한 시기에 접하게 해주고 가장 관심 있어하는 동요부터 시작해도 좋다. 나의 경우 둘째가 돌이 되기 전에는 중국 창작동요나

한국어 동요를 어설프게나마 부를 수 있게 된 19개월쯤 버튼을 누르면 바로 중국어 동요가 흘러나오는 책을 구입해주었다. 책을 가지고 다니며 스스로 자주 듣고 부를 수 있는 중국어 동요가 생기기 시작했다.

중국 아이들이 즐겨 듣는 동요를 먼저 들려주었다. 아직 아는 동요가 없는 신생아였기 때문에 굳이 익숙한 멜로디가 아니어도 상관없었기 때문이다.

아이랑 시간을 보내다 오전에 정해진 시간이 되면 아이를 안고 중국어 동요를 들으며 한참 동안 걸어 다녔던 기억이 난다. 그리고 돌쯤이 되자 아이패드에 넣어둔 중국 아이들이 율동하는 영상을 우연히 보고는 아이패드가 보이면 가끔 틀어달라고 했다. 영상을 틀어주면 중국어 노래를 한 두 단어씩 따라 하고 율동도 따라 했다.

중국어 동요 추천 자료

동요는 중국어를 가장 부담 없이 시작할 수 있게 해주는 방법이므로 엄마표 중국어 시작 시기에 빠져서는 안 될 요소다.

중국어 동요책에 수록된 CD나 유튜브 영상, 학습 사이트의 플래시 등 다양한 경로를 통해 동요를 접할 수 있다. 어떤 방법이든 아이에게 가장 잘 맞고 엄마가 가장 쉽고 편하게 매일 들려줄 수 있는 방법을 찾아보길 권한다.

중국어 동요 추천 교재

『**중국어 동요 - 스마트폰 사운드북**』

곽선영 그림 | 블루레빗

보드북으로 되어 있고 스마트폰처럼 생긴 장난감의 버튼을 누르면 중국어 동요를 들을 수 있다. 총 6곡이며 '작은별'과 같은 유명 동요 외에 중국 아이들이 즐겨 부르는 동요들이 수록되어 있다. 스마트폰 장난감을 통해 좀 더 재미있게 시작할 수 있어서 연령이 낮거나 중국어 시작에 부담을 느끼는 경우에 추천한다. 다만 성조를 살려 읽은 버전이 없고 곡 수가 적기 때문에 가볍게 중국어 동요를 즐긴다고 생각하면 좋겠다.

『**율동동요 중국어 1·2**』 김명화 글 | 동양북스

각 권마다 12곡이 수록되어 있으며 한국 동요, 중국 동요, 창작동요 세 가지가 혼합되어 있다. 교재 안에 단어카드가 제공되며 책과 DVD에 율동을 함께 제공하여 아이들이 율동을 함께할 수 있도록 한 것이 특징이다.

『동요로 배우는 유아 중국어』

린판핑 글, 천양판 그림, 김노엘 옮김 | 노란우산

아름답고 깊이 있는 중국어 동시에 아이들이 따라 부르기 좋게 음을 입힌 동요 26곡이 수록되어 있다. 동요 CD 외에 해설 강의 CD와 가이드북이 담겨 있어 중국어를 모르는 엄마들에게 유용하다. 노래마다 성조를 살려 읽는 내레이션 버전과 동요 버전 두 가지로 되어 있고, 교재에 세이펜이 적용되어 편리하게 들을 수 있다.

『EBS 송지현 교수가 뽑은 중국어 동요』

송지현 엮음 | 미래엔아이세움

중국 현지 아이들이 좋아하는 동요 26곡이 수록되어 있으며 성조를 살려 읽은 버전과 동요 버전 두 가지를 모두 제공한다. 또한 중국어 성조를 익히고 연습할 수 있도록 '중국어 성조 발음법 강의'가 CD 안에 보너스 트랙으로 수록되어 있다.

중국어 동요를 배울 수 있는 인터넷 사이트

샤오팡 중국어

http://www.shaopang.com/
'샤오팡 중국어 동요' 교재에 포함된 동요 외에 다양한 동요를 플래시영상으로 볼 수 있다. 중국어 동요를 한국어 버전으로 제공하여 쌍둥이노래로 들을 수 있다.

이 사이트에서 소개하는 동요는 중국어 학습용으로 만들어졌기 때문에 단계별 부분적으로 선택 신청이 가능해 비교적 저렴한 가격에 이용할 수 있다.

리틀팍스 중국어

http://chinese.littlefox.com/ko/song

첫걸음 동요부터 말하기 동요까지 다양한 단계의 동요 플래시영상을 제공한다. 동요의 단어와 가사가 정리되어 있어 엄마가 가사를 파악하는 데 도움이 된다. 중국어 학습용으로 만들어진 동요이며 회원가입 후 전체 내용을 무료로 이용할 수 있다.

쥬니어네이버 동요

http://jr.naver.com/song/china_song

주로 중국어 학습 용도로 만들어진 동요이며 다양한 중국어 동요 플래시영상을 무료로 볼 수 있다.

베이와 동요(贝瓦儿歌)

http://g.beva.com/?from=bdquery

중국 최대 규모의 동요 사이트. 회원 가입을 하지 않아도 무료로 이용 가능하다. 엄청난 양의 동요 플래시를 보유하고 있기 때문에 무엇을 봐야 할지 모르겠다면 사이트 메인화면의 동요 순위를 보고 중국 아이들이 즐겨 부르는 인기 동요를 참고해보자.

바이두 음악(百度音乐)

http://music.baidu.com/
tag/%E5%84% BF%E6%AD%8C

인기 순위별로 리스트가 제공되며 가사가 정리되어 있고 동요 다운로드가 가능하다. 플래시영상이 제공되지 않아 듣기만 가능하며 회원가입 없이 무료로 이용 가능하다.

중국어 동요 유튜브 채널 추천 리스트

구리구리 율동학당(咕力咕力舞蹈学堂)

노래에 맞춰 신나게 율동을 즐기다보면 더욱 즐겁게 중국어를 익힐 수 있다.

키즈캐슬 중국어 동요

'작은 별' 같은 우리에게 익숙한 동요와 발랄하고 신나는 창작동요 등을 소개한다.

베이비 버스(宝宝巴士)

귀여운 판다 두 마리가 주인공으로 등장한다. 단 가사 자막이 간체자가 아닌 번체자다.

베이와 동요(贝瓦儿歌)

다양한 동요뿐 아니라 이야기, 삼자경 등을 중국어 동요로 만나볼 수 있다.

중국어 동요 '앱' 추천 리스트

핑크퐁 동요 중국어 버전 앱

필수 단어를 배울 수 있는 주제별 동요, 공룡이나 자동차처럼 아이들이 좋아하는 주제의 동요, 삼자경 동요 등 다양한 동요를 핑크퐁 특유의 화려한 영상과 발랄한 노래로 만날 수 있다. 무료로 제공하는 동요 외에 주제별로 구입하여 볼 수 있다.

얼거 뚜어뚜어(儿哥多多)

중국 현지 아이들에게 인기 있는 동요 150곡을 무료로 들을 수 있다. 동요 외에 이야기, 동화, 애니메이션 등 무료로 감상할 수 있는 자료가 굉장히 많다(구글 플레이 스토어에서 '중국어 동요'로 검색하면 나옴).

그림책을 엄마 목소리와
원어민의 목소리로 들려주기

한글이나 영어도 아니고 중국어 그림책을 아이에게 읽어준다는 것은 엄마에게 꽤 부담스러운 일이다. 발음이 신경 쓰이기도 하지만 중국어 그림책은 영어 그림책처럼 구입하기 쉽지도 않고 정보도 많지 않은 게 사실이다. 그러므로 엄마표 중국어를 할 때 책을 많이 읽어줘야 한다는 부담을 갖지 않아도 된다. 단 책은 해당 언어를 가장 이상적으로 접할 수 있는 방법이므로 아예 배제하지는 않았으면 좋겠다. 엄마의 목소리든 원어민의 목소리든 그림책을 통해 아이가 중국어를 접하는 과정은 상당히 중요하다. 물론 기계음보다는 친숙하고 따뜻한 엄마 목소리로 읽어주는 것이 좋겠지만 많은 책을 직접 읽어줘야 한다고 미리 겁먹을 필요는 없다.

엄마가 발음이 안 좋은데 엄마 발음을 따라 할까 걱정이라는 말을 가끔 듣는다. 100퍼센트 엄마 목소리로만 중국어를 가르친다면 걱정이 될 수도 있다. 그러나 아이들에게 전달되는 대부분의 중국어 노출은 엄마의 목소리가 아닌 원어민의 소리다.

엄마가 하루 종일 아이에게 중국어로 떠들 수 있겠는가. 중국어 강사인 나조차도 아이에게 내 목소리로 중국어를 들려주는 시간은 아무리 길어도 하루에 30분도 채 안 될 때가 많다. 보통은 중국어 동요를 틀어주거나 현재 보고 있는 책의 음원을 틀어주거나 중국어 DVD를 시청하게 하거나 소리펜으로 책을 찍어 음원을 듣게 하는 시간이 훨씬 길다. 그 과정에서 내가 함께 호응해주고 반응해주고, 원어민의 발음을 함께 따라 하는 식이다. 엄마의 소리만 듣는 시간은 생각보다 훨씬 적기 때문에 엄마 발음을 따라 할 거라는 걱정은 하지 않아도 된다.

중국어 나이 0세인 아이가 보는 책은 엄청나게 길고 어려운 책이 아니다. 한 페이지에 단어 한두 개 혹은 문장 하나 나오는 식이며 10페이지 내외의 아주 쉬운 수준이다. 돌도 안 된 아기에게 읽어주는 책처럼 아주 단순하고 짧은 책, 다 읽어도 1분 정도밖에 안 걸리는 책이다.

엄마가 중국어 책 읽기에 영 자신이 없다면 음원이 딸린 책을 골라 음원을 함께 들으며 책장을 넘기거나 간단한 단어, 문장을 따라 하는 정도로 시작해보자. 함께 듣고 함께 따라 하는 것도 직접 책을 읽어주는 것만큼 효과적이다. 소리펜을 듣고 그대로 따라 하는 정도도 괜찮다. 엄마가 유창하게 읽어서 아이더러 그대로 읽어내도록 하라는 것이 아니라, 엄마가 중

한 번 본 책은 100번도 넘게 읽어줄 수 있다. 언제든 편안하게 누워 엄마와 함께 보는 중국어 그림책.

국어를 친숙하게 만들어주는 중간다리가 되라는 의미다.

물론 엄마가 직접 책을 읽어주는 것이 가장 좋다. 엄마의 하루 일과는 굉장히 바쁘게 돌아가기 때문에 일부러 짬을 내지 않으면 중국어 책 읽기를 실천하기가 힘들다는 것은 잘 알고 있다. 그렇지만 한 번 읽기 연습을 마친 책은 10번이고 100번이고 계속 읽어줄 수 있다는 점을 알고 있는가? 연습만 제대로 거치면 100번이고 200번이고 무한 반복이 가능하니 어찌 보면 최소 투자로 최대의 효과를 볼 수 있는 것이 바로 그림책이다. 책 한 권이라고 해봐야 10줄 정도밖에 안 되는 책들도 많다. 도전해볼 만하지 않은가?

나는 『달님 안녕』을 두 달간 최소 100번 이상 읽어주었다. 아이들은 보통 좋아하는 책을 한동안 계속 반복적으로 보기 때문에 엄마가 한 번 연습해 읽어주기 시작하면 그때부턴 아이와의 실전에서 자동으로 갈고닦인다. 처음 읽어줄 때는 약간 서툰 측면도 있겠지만 오늘 읽고 내일 읽고 일주일 뒤면 아마 눈 감고도 외울 정도가 될 것이다. 읽는 데 1분도 안 걸리는 짧은 책을 하루 연습해서 최소 100번 이상 반복해 읽어줄 수 있다면 투자 대비 굉장한 이득이 아닐 수 없다.

그림책을 좀 더 쉽게 잘 읽는 팁을 소개하자면 원어민 성우의 동화구연 CD 혹은 MP3가 딸린 책을 고르는 것이다. 아이에게 원어민의 정확한 발음을 들을 기회를 줄 수 있고 놀이를 하는 동안 흘려들으면서 내용을 정리할 수 있는 시간을 가질 수 있으며 엄마에게는 훌륭한 가이드가 된다.

중국어 그림책에 관해 가끔은 이런 말을 들을 때도 있다. "그림동화에는 의성어, 의태어가 많아서 생활회화에 별 도움이 안 되지 않나요?" 사실 이 말은 내가 아이를 낳기 전 중국어 강사로서 그림책을 봤을 때 들었던 생각과 같다. 1년에 한 번 정도는 이런 식의 질문을 받는데, 재미있는 것은 대부분 중국어 선생님이나 중국어를 잘하는 사람들이 그렇게 묻는다는 것이다. 그 이유는 자신이 지금까지 배워온 회화교재에는 그림책에 나오는 의성어, 의태어들이 등장한 적이 없고, 평소 사용해본 적도 없기 때문이다.

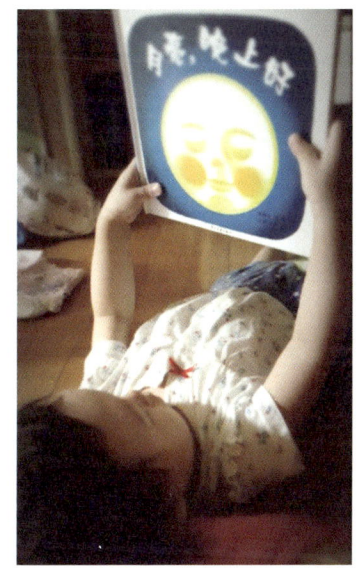

둘째 아이가 15개월일 때 본 첫 중국어 그림책 『달님 안녕』

그러나 아이들은 이런 의성어나 의태어가 빠지면 재미를 느끼지 못한다. 목욕할 때는 '첨벙첨벙', 이를 닦을 때는 '쓱싹쓱싹', 넘어질 때는 '쾅당!' 해줘야 아이들의 책이지 의성어, 의태어가 빠지면 아이들이 보는 책이 아니라 회화교재가 되고 만다. 게다가 성인이 된 우리들이 사용할 일이 없을 뿐이지 아이들은 매일 접하는 말이고 자주 사용하는 말이기도 하다. 의성어, 의태어 그리고 유아용 단어들은 아이들의 흥미를 끄는 데 도움이 될 뿐 아니라 평소에도 아이들에게 직접 사용할 수 있다.

엄마들은 마음은 있는데 책 읽어주기가 실천이 잘 안 된다고 한다. 무언가를 매일 실천하려면 우선 무엇보다 찾기 쉬워야 하고 동선이 짧아야 한다. 책을 책장 속에 깊이 넣어놓고 볼 때마다 꺼내 읽으려고 하면 어떤 날은 손이 잘 가지 않아 읽지 못하고 넘어가기도 하고 또 어떤 날은 책이 안 보여서 책 찾다가 시간을 허비하는 일도 생긴다.

실제 내 경우 아이 둘이 책을 이것저것 꺼냈다가 또 여기저기 꽂아놓는 바람에 책 찾다가 힘 다 빼는 날도 더러 있었다. 아이들 중국어 그림책은 주로 보드북보다는 얇은 페이퍼북이 많아서 책장에 꽂아놓으면 제목도 알 수 없고 책 사이에 가려 잘 보이지도 않는다. 남편이 널브러진 책이 보기 싫다며 아무 곳에나 정리해놓았을 때는 한동안 찾지 못한 적도 있었다. 그래서 나는 책을 찾는 시간과 체력을 아끼기 위해 당분간 자주 봐야 할 중국어 책과 CD 등은 따로 빼서 눈에 제일 잘 띄는 곳에 배치해놓기도 하고 아이가 봤으면 하는 중국어 책은 전면 책꽂이 차트에 표지가 보이도록 꽂아 눈에 확 띄도록 했다. 그러면 책을 봐야 하는 순간에 제때 찾아 꺼내

책을 잘 꺼내 읽을 수 있도록 전면 책꽂이를 설치하면 책을 봐야 하는 순간에 제때 찾아 꺼내 읽을 수 있어 좋다.

읽을 수 있었고 아이도 표지를 보고 수시로 꺼내 읽을 수 있었다. 책을 아이 손길이 닿는 곳마다 비치하고 되도록 표지가 눈에 잘 띄도록 하는 게 좋다.

그림책 고르는 법

이 시기, 그러니까 중국어 나이 0세 아이가 볼 그림책은 글밥이 적고 그림이 직관적이며 단순한 것을 골라야 한다. 그림 아래에 단어가 한두 개 나오거나 페이지당 한 줄의 글밥이면 충분하다. 그림만 봐도 무슨 내용인지 알 수 있는, 설명 없이도 그림만 보고 내용을 파악할 수 있는 직관적인 그림책이 최고다. 내용은 추상적이고 관념적인 것은 피해야 하고 아이들의 생활과 직접적으로 연관된 생활동화가 좋다.

엄마표 중국어를 진행하는 엄마들 사이에서는 이미 유명한 책인 '곰솔이 시리즈'는 원래 일본 책이지만 좋은 책은 중국, 한국 국경을 가릴 것 없이 통한다. 책의 그림과 내용이 아이들의 눈높이에 너무나 잘 들어맞기 때문이다. 중국어 나이 0세 때는 이런 책들을 추천한다. 중국 아이도 잘 보고 한국 아이도 잘 보고 옆집 아이도 잘 보는 책은 우리 아이도 잘 볼 가능성이 높다.

예를 들어『달님 안녕』,『싹싹싹』,『딱 붙었네』와 같은 그림책은 한국 아이나 중국 아이 모두 좋아한다. 간단한 문장이 여러 번 반복되어 굉장히 쉽다. 그림도 단순하고 아이들이 보기에 아주 흥미로운 내용이다. 내 눈에는 그림도 간단하고 재미있을 거리가 별로 없어 보였는데 우리 아이들은 아주 좋아했다. 특히 『달님 안녕』의 경우 첫째 아이는 다섯 살이 돼서도 좋아했고 둘째 아이는 15개월 때 처음 읽어준 뒤로 가장 사랑하는 책이 되었다. 몇 달간 매일같이 손에 쥐고 다니면서 스스로 펼쳐보기도 하고 나에게 읽어달라고 조르기도 했다. 유명한 책은 다 유명한 이유가 있는가 보다.

만약 어떤 중국어 책을 구입해야 할지 막막하고 잘 모르겠다면 일단 다른 아이들 사이에서 대박 난 책을 보는 것이 안전하다. 많은 아이들이 먼저 보고 사랑한 책들이 우리 집 아이들에게도 환영받을 확률이 높기 때문이다.

중국어 나이 0~1세 추천 그림책

만 1~3세 아기들이 좋아하는 단행본

다음 책들은 간단하고 반복되는 재미있는 문장, 아기의 정서와 무척 잘 어울리는 그림과 내용으로 많은 아이들의 사랑을 받는다. 한글책과 함께 쌍둥이책으로 즐겨도 좋다.

『**싹싹싹**』(喝汤喽，擦一擦) 하야시 아키코 글, 그림
숟가락질이 서툰 아기가 혼자서 이유식을 먹다 흘리면 엄마가 아기의 입을 싹싹싹 닦아준다. 어른들의 행동을 따라 하며, 혼자서 먹어보려 애쓰는 아기의 행동을 묘사한 그림책.

『**딱 붙었네**』(连在一起) 미우라 타로 글, 그림
옹알이를 시작한 아가부터 말을 배우는 아가까지 거듭해서 읽어주어도 싫증이 나지 않는 사랑스런 그림책. 단순하고 명료한 글이 아기들의 입을 달싹이게 하며 어휘력 발달에도 도움이 된다.

『**구두구두 걸어라**』(小鞋子，走一走) 하야시 아키코 글, 그림
이제 막 걷기 시작한 아기가 즐거운 나들이를 한다. 아장아장 걷는 아기의 서툰 발걸음을 의인화하여 아이들의 구두로 표현해 재미있고 아름답게 묘사한 그림책.

『**달님 안녕**』(月亮，晚上好) 하야시 아키코 글, 그림
달님이 환하게 떠오르다가 구름에 가려지고 다시 모습을 드러내는 현상을 섬세하게 표현한 그림책. 단순한 이야기지만 밤하늘과 달님 얼굴, 구름, 집 그림이 쉽고 간결한 언어와 어우러진다.

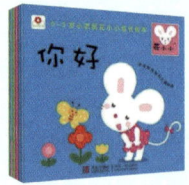

아기생쥐 화소소의 성장그림책

(小老鼠花小小成长绘本) (전 16권)

북경소홍화원서공작실 글, 그림

사랑스러운 주인공 화소소의 생활동화 시리즈는 군더더기 없이 쉬운 문장으로 되어 있어 중국어에 입문하는 아이들에게 적극 추천한다. 의성어나 의태어는 거의 없으며 아이가 일상생활에서 많이 사용하는 문장들을 수록하고 있다.

아가랑 두두랑 시리즈(阿波林的小世界) (전 14권)

디디에 뒤프레슨 글, 아르메 모데레 그림

다른 생활동화책과 달리 이 책은 주인공 아가가 혼자 이야기하는 방식이라는 점이 특이하다. 양치하고, 옷을 입는 등 일상생활 속 동작을 하나하나 꽤 자세하게 문장으로 표현하고 있어 아이들이 문장을 직접 사용해볼 수 있게 했다. 한 페이지에 한 문장이 들어가는 짧은 책이지만 다른 생활동화책에 비해 어휘수가 많은 편이다.

이야야 옹알이 시리즈(咿呀呀系列) (전 9권)

와라베 기미카 글, 그림

유명 일본 그림책의 중문판. 깜찍한 동물 캐릭터 덕분에 아이들의 사랑을 듬뿍 받고 있다. 알록달록한 색감과 사랑스러운 동물 캐릭터 때문에라도 아이들에게 결코 거부당하지 않을 생활동화 시리즈이다.

곰솔이 시리즈(小熊宝宝绘本) (전 15권)

사사키 요코 글, 그림

중국어를 시작하면 누구나 거치고 간다는 곰솔이. 어떤 아이든 좋아하지 않을 수 없는 사랑스런 주인공들과 스토리로 아이들의 마음을 사로잡는다. 7세 남자아이도 잘 본다는 말을 들은 적은 있지만 아주 간단한 내용의 잠자기, 목욕하기 등의 생활동화임을 감안하면 5세 이하 아이들에게 추천한다. 한글 버전 '곰솔이처럼 해봐요'와 함께 이중언어 책으로 활용할 수 있다.

아기놀이책 시리즈(婴儿游戏绘本) (전 10권)

기무라 유이치 글, 그림

한·중·일 쌍둥이책으로 활용 가능한 놀이책이다. 만 0세에서 3세까지 아기들에게 바른 생활습관을 길러주기 위해 만들어진 생활동화로 유용한 생활중국어를 플랩북으로 보다 즐겁게 읽을 수 있다.

유치부 아이들을 위한 유명 단행본

『**안 돼, 데이빗**』(大卫，不可以)

『**유치원에 간 데이빗**』(大卫上学去) 데이빗 섀논 글, 그림

'데이빗 시리즈'는 말썽꾸러기 데이빗의 행동에 대리만족을 하는 건지 싫어하는 아이가 없는 책이다. 굉장히 짧은 문구가 반복되어 엄마도 쉽게 읽어줄 수 있다. 중국어 난이도 최하 수준의 재미있는 책.

『수리수리 없어져라 녹색 괴물』(走开，绿色大怪物)

(한국어판 미출간) 에드 엠벌리 글, 그림

아이와 큰 소리로 "조우카이(走开, 저리 가)!"라고 외치며 중국어에 흥미를 붙이기 좋은 책이다. 책 내용을 통해 색깔과 신체를 배울 수 있어 중국어 선생님들도 수업시간에 자주 이용한다.

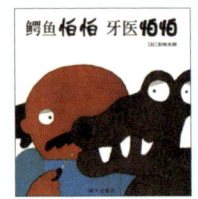

『악어도 깜짝, 치과 의사도 깜짝!』(鳄鱼怕怕牙医怕怕)

고미 타로 글, 그림

치과가 어떤 곳인지 안 이후로 매일같이 보던 책. 악어와 의사가 서로 같은 말을 두 번씩 반복하여 두려움을 표현하는데 같은 말이어도 두려움의 이유가 달라 더욱 재미있다.

『개미와 수박』(蚂蚁和西瓜) 다무라 시게루 글, 그림

짧은 글밥에 원색컬러와 단순한 스토리가 아이들의 시선을 단번에 사로잡는다. 사람들이 버리고 간 수박조각을 개미들이 가져가고 먹어치우는 과정을 재미있게 담았다.

『배고픈 애벌레』(好饿的毛毛虫) 에릭 칼 글, 그림

작은 알에서 애벌레가 태어나고, 그 애벌레가 번데기가 되었다가 번데기 껍질을 벗고 한 마리의 나비가 되기까지의 과정을 반짝이는 아이디어와 화려한 색채로 펼쳐 보이는 그림책. 아이들이 애벌레의 생태에 대해서 이해할 수 있을 뿐 아니라, 색깔과 숫자, 요일과 음식 등에 대한 인지력도 쌓을 수 있다.

『갈색 곰아, 갈색 곰아, 무엇을 보고 있니?』

(棕色的熊，棕色的熊，你在看什么)

빌 마틴 주니어 글, 에릭 칼 그림

에릭 칼의 베스트 작품들을 중국어로도 만나볼 수 있다. 아름다운 그림을 감상할 수 있을 뿐 아니라 책의 내용을 통해 색깔과 숫자, 요일과 음식, 진행형 표현 등을 자연스럽게 익힐 수 있다. 에릭 칼의 다른 작품을 중국어 버전으로 구입하고 싶다면 중국 사이트(당당왕, 타오바오 등)에서 영문으로 eric carl을 검색하면 다양한 작품을 만나볼 수 있다. 찾고자 하는 해외 원서가 있다면 중국 사이트에서 제목 혹은 작가의 이름을 영문명으로 검색하면 된다.

요리조리 열어보는 재미! 플랩북, 조작북 시리즈

캐런 카츠의 인지플랩북(卡伦卡茨的翻翻书) 캐런 카츠 글, 그림

색감이 밝고 화려하며 들춰보는 재미가 있는 플랩북으로 되어 있어 신체, 가족 등의 어휘를 흥미롭게 인지할 수 있다. 중국 사이트에서는 낱권으로 판매하는 경우가 많으며 4권, 8권, 14권 등 세트 구성도 다양하다.

꾸러기 토끼 생활습관 시리즈(歪歪兔行为习惯系列) (전 10권)

적당한 글밥에 반복적이고 실용적인 문장, 그리고 재미있는 플랩북까지 매력이 넘치는 책이다. 동화 내용에 이야기를 더하여 구연동화식으로 담은 CD가 딸려 있다. 얇은 페이퍼북이 플랩 형식으로 되어 있어 견고하지 못한 점이 아쉽다.

푸둥이 시리즈(噼里啪啦系列) (전 7권) 사사키 요코 글, 그림
양치하기, 목욕하기, 화장실 가기 등 일상생활의 기본 어휘를 배울
수 있는 책이다. 열고 닫는 플랩북으로 재미를 더한다. 큰 차이는 없
으나 곰솔이의 1.5배 정도 되는 글밥으로, 한글 버전 '푸둥이와 놀아
요'와 함께 이중언어 책으로 활용할 수 있다.

스토리 속에 숨겨진 패턴 문장으로 재미와 학습 두 마리 토끼 잡기

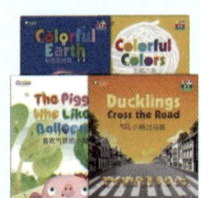

쿨판다 소아한어교학자원 시리즈
(cool panda 少儿汉语教学资源)(전 36권)
날씨, 계절, 자연, 과일, 중국 문화 등 각 주제마다 2~4권씩 구성되어
있으며 CD 혹은 QR코드로 단어, 본문, 노래 등 책의 내용을 중국어
로 들을 수 있다. 시원시원한 그림과 실사, 간결한 패턴식 문장으로
스토리가 구성되어 있다. 마지막 페이지에 주요 어휘와 패턴이 정리
되어 있다.

꼬마 판다 나나의 말문이 빵 터지는 세 마디 중국어 그림책
(전 30권) 김노엘 글
귀여운 꼬마 판다 나나와 엄마의 대화로 이루어진 생활그림책으로
아침부터 잠들기까지 일어나는 30가지 스토리를 통해 자연스럽게
실용적인 생활표현을 익힐 수 있다. 스토리와 챈트가 수록된 CD가
있으며 세이펜 기능이 지원된다.

유아인지이중언어 시리즈

(幼儿认知双语绘本 韩国 kyowon 公司) (전 7권)

한국 교원의 워드팜 보드북 7권을 중국어로 번역해 중국에서 판매하고 있는 책이다. 중국에서는 보드북이 아닌 페이퍼북으로 출간됐으며, 중국어 아래에 영어 문장도 함께 나와 있어 이중언어로 즐길 수 있다.

만 3세 이상 아이들도 재미있게 보는 한 줄 동화책

꼬마 미키 시리즈(可爱的鼠小弟) (전 22권)

간단한 문장과 간단한 그림에도 불구하고 굉장한 유머와 감동을 느낄 수 있다. 같은 문장을 여러 동물들이 반복해 말하는 식의 짧은 패턴이 반복되어 중국어 자체는 어렵지 않다. 다만 내용을 이해하고 유머를 이해할 수 있어야 재미있게 볼 수 있기 때문에 만 3세 이상 아이들에게 추천한다. 만약 연령이 높아 곰솔이와 같은 생활동화에 흥미가 없는 아이라면 적극 추천한다. 두고두고 봐도 재미있게 볼 책이다.

코끼리와 꿀꿀이 시리즈(噼小象小猪) (전 5권) 모 윌렘스 글, 그림

걱정쟁이 코끼리 코보와 말썽꾸러기 꿀꿀이 피기의 유쾌한 에피소드를 담은 동화책. 페이지 수가 많아 보이지만 글밥이 워낙 적고 반복되는 문장이 많아 읽기 어렵지 않다.

단어와 짧은 문장으로 시작하는 '가벼운 흘려듣기'

시작 단계에는 간단한 단어나 아주 짧은 패턴 형식의 문장으로 이루어진 책의 CD를 듣는 것이 아주 큰 도움이 된다. 단어 위주의 듣기 자료는 귀에 쏙쏙 잘 들어올 뿐 아니라 나중에 익숙해졌을 때 따라 말하거나 자연스럽게 외우기도 훨씬 쉽다. 반대로 문장이 길고 말하는 속도가 빠른 것들은 잘 들리지도 않고 다음 단계인 말하기에서 큰 역할을 기대하기 어렵다.

나에게 생소한 아랍어 뉴스를 들려준다고 생각해보면 어떨까? 아는 단어라곤 하나도 없고, 뭐가 뭔지 하나도 모르겠고, 끊임없이 이어지는 문장에, 내게는 아랍어가 소음으로밖에 들리지 않을 것이다. 그리고 조금 더 시간이 지나면 "좀 꺼주세요!"라고 외치지 않을까?

그런데 만약 빠르고 쉴 틈 없는 아랍어 뉴스 대신 듣기 좋은 아랍어 동요를 들려준다면 어떨까? 알아듣지는 못해도 뉴스를 듣는 것보다 일단 숨통은 트일 것이며, 멜로디가 예쁜 동요라면 허밍으로라도 따라 할 만할 것이다. 그리고 아주 간단한 단어를 천천히 또박또박 들려준다면 어떨까? 또박또박 귀에 꽂히는 단어 몇 개 정도는 역시 따라 해볼 것도 같다.

아이들도 중국어가 처음이다. 복잡한 문장보다는 또박또박 잘 들리는 단어 위주의 듣기 자료를 들려줘야 맞다. 그리고 단어에서 나아가 아주 짧고 단순한 패턴식의 문장을 들려주자.

그러면 얼마나 들려주는 게 좋을까? 듣는 시간이 길수록 도움이 되는 것은 사실이다. 그러나 아이가 다소 거부하거나 중국어 소리 노출을 썩 반기지 않는다면 하루 20~30분 정도만 들려줘도 충분하다. 특히 첫 단추를 끼우는 단계에는 아이의 반응을 면밀하게 살펴보면서 점차 시간을 늘려 나가는 것이 좋다.

언젠가 중국어를 아주 잘하는 아이들의 몇몇 부모님께 여쭤본 적이 있는데, 그 분들은 일정 기간 아이들에게 중국어를 하루 두 시간 이상 충분히 들려줬다고 했다. 외국어를 배울 때 해당 외국어에 푹 빠져서 하루에 몇 시간씩 듣고 말하고 읽고 쓰는 기간은 꼭 필요하다. 결국은 중국어 노출 시간을 점차 늘려가는 것이 맞긴 하지만, 시작 단계인 만큼 욕심을 비우는 것이 현명하다. 얼마나 들려줘야 할지는 아이의 반응을 보고 판단하자.

단어 흘려듣기에 좋은 추천 교재

『꼬마 판다 나나의 말문이 빵 터지는

세 마디 중국어 단어+패턴책』(전 3권)

김노엘 글 | 노란우산

교재, 오디오 CD, 세이펜 기능 지원

내레이션 버전과 챈트 버전 두 가지가 있어 지루하지 않게 들을 수 있다. 세이펜으로 코딩되어 있어 원어민 발음을 바로바로 들려줄 수 있다. 단어, 패턴, 짧은 문장의 스토리 파트로 나뉘어 있다. 총 30가지 주제로 구성되어 있으며 단어, 패턴, 스토리가 주제 안에서 이어지기 때문에 차후 지속적으로 확장해나가기에 좋다.

『몽키킹 차이니즈』북경어언대학출판사

교재, 오디오 CD

중국 원서이며 12가지 주제의 단어 위주로 구성되어 있다. 아이들의 눈높이에 맞는 중국 아이들의 낭랑한 목소리로 CD가 녹음되어 있다.

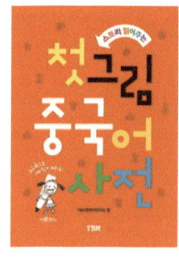

『첫 그림 중국어사전』편집부 저 | YBM

교재, 세이펜 기능 지원, MP3 다운로드

단어사전의 형식으로 된 책이다. 총 14가지 큰 주제로 단어와 짧은 문장으로 되어 있다. MP3를 다운로드해 흘려듣기를 할 수 있다. 세이펜 기능이 지원되는데 전체 듣기가 없고 단어 하나하나 소리를 들을 수 있다.

Chapter 2

중국어 나이 1세
단어조각 모으기

중국어 나이 0세에 아이의 귀에 중국어가 익숙해지도록 동요를 들려주거나 그림책을 읽어주었다면 다음 단계, 중국어 나이 1세에는 단어를 익혀보자. 단어를 익히는 방법은 아이마다 다를 수 있다. 우리 집 첫째는 외국어에 관심이 없어 단어카드 대신 누르면 소리가 나는 버튼이 달린 단어보드로 게임을 하듯 단어를 익혔고, 둘째는 플래시카드 학습법만으로도 수십 단어를 익혔다. 이 장에서 소개하는 다양한 단어 학습법중 내 아이에게 맞는 방법을 찾아 단어 익히기를 시작해보자.

중국어 소리에 익숙해졌다면
단어 익히기 시작

아이의 귀에 중국어가 익숙해졌다면 이제는 단어의 정확한 의미를 천천히 알려주기 시작해보자. 그간의 작업(?)을 통해 아이는 중국어가 어떤 소리를 가진 언어인지 감을 잡았을 테고 어느 정도 단어를 익힐 준비가 되어 있을 것이다. 그동안 들었던 내용이 단어의 정확한 의미와 맞물려 빛을 발할 시기다.

중국어 나이 1세란, 0세 단계에서 시작한 중국어 동요나 동화책, 짤막한 단어 등을 들어온 지 정확히 1년이 되었다는 의미는 아니다. 중국어를 시작한 지 한 달이 되었든 1년이 되었든 아이가 단어를 익히는 데 무리가 없는 단계가 되었다는 것을 의미한다. 단어를 들이밀 시기는 아이마다 모두 다르고 그 방법도 달리할 수 있다.

나는 두 아이 모두에게 돌 전부터 중국어 동요를 들려주었지만 첫째 아이는 36개월이 지나서야 단어 익히기를 본격적으로 시작했고 둘째 아이는 15개월부터 했다. 첫째 아이는 모국어가 늦게 트였기 때문에 아이의 상태를 보며 천천히 들이민 측면도 있었지만 워낙 외국어에 관심이 없어 단어카드를 보여주면 날리고 던지고 장난감이 되어버리기 일쑤였다. 몇 번의 실패 끝에 작전을 바꿔 단어카드 대신 누르면 소리가 나는 버튼이 달린 단어보드를 구입해 함께 게임을 했다. 승부욕이 있는 남자아이인지라 보드가 고장 나기 전까지 신나게 활용한 기억이 난다.

반면 둘째 아이는 말 배우기에 꽤 관심이 높았고 그만큼 스스로 즐겨서 모국어 말이 트일 때쯤 바로 중국어 단어카드를 보여주었는데 아주 재미있어했다. 한 번 보여주고 나면 또 보여달라고 해서 한 번 카드놀이를 하면 연속으로 5~6번은 해줘야 직성이 풀렸다. 작은 종이로 된 별것 없는 단어카드였지만 우리 딸에게는 효과가 꽤 좋아서 단어카드 놀이를 시작하고 2주쯤 지나 성과가 나타나기 시작했다. 가만히 누워서 천장만 멀끔멀끔 보고 있다가 갑자기 자기 발을 만지며 "지아오(脚, 발)" 하더니 내 발을 가리키며 "지아오" 그리고 아빠에게 달려가 아빠 발을 가리키며 "지아오" 하는 게 아닌가. 이 발이라는 단어가 둘째가 스스로 내뱉은 첫 중국어였다.

이렇듯 아이마다 시기가 다를 수 있고 방법이 달라질 수 있다. 똑같이 돌 전부터 중국어 CD를 접했지만 첫째는 36개월부터 단어카드가 아닌 게임 형식으로 진행했고, 둘째는 15개월부터 단어카드를 보여주는 것만으로도 충분히 재미있게 수십 단어를 습득하고 성과까지 보였으니 말이다. 사실 첫째에게는 그 전부터 한두 차례 단어를 들이밀어보긴 했지만 아이가 거부했기 때문에 시기를 미루고 진행하지 않았었다. 36개월쯤 되었을 때 게임 방식으로 스트레스 없이 시작하길 잘했다고 생각한다.

다음에 단어를 습득하는 방법을 몇 가지 소개하니 이 중 내 아이에게 맞는 방법을 찾아보자.

우뇌를 활용하는 플래시카드 학습법

플래시카드 학습법이란 카메라 빛이 번쩍이는 순간의 짧은 시간에 각인되어 직감으로 판단하는 학습법이다. 아이가 순간적으로 기억하고 인지해내는 것인데, 아직 우뇌가 우세한 어린아이들의 특징을 활용해 뇌에 각인되는 효과를 이용하는 방법이다.

그래서 카드를 보여줄 때는 카드 한 장을 오랜 시간 노출하는 것이 아니라 1, 2초 정도 짧게 보여주며 해당 발음을 들려줘야 한다. 그리고 다른 카드를 꺼내 역시 짧게 보여주고 넘어간다. 어떤 엄마는 아이의 흥미를 돋우기 위해 카드에 있는 그림을 설명하거나 더 잘 기억하도록 5초 이상 보여주며 여러 번 소리를 듣게 하기도 하는데 그렇게 진행하면 오히려 효과가 떨어진다.

나는 아이가 낮잠을 자기 전 아이와 나란히 누워서 단어카드를 보여주었다. 10장 정도를 보여주는 데 걸리는 시간은 딱 10초! 길어봐야 15초면 끝난다. 그러면 아이는 아쉬워서 "또! 또!"를 외치곤 했다. 마지못해 보여주는 척하며 두세 번을 더 그렇게 보여준다. 그렇게 하루 총 1분이면 플래시카드 놀이가 끝이 난다. 그리고 다음 날 같은 단어카드 10장을 또 보여주는 식으로 일주일간 반복한다.

아이가 단어를 얼추 알겠구나 싶을 때 아주 간단한 게임을 시도해본다. 예를 들면 소와 고양이가 그려진 카드 2장을 들고 "니우(牛, 소)"라고 외

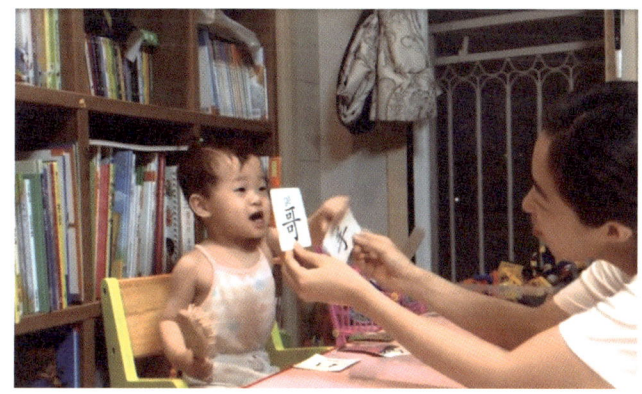

15개월에 단어카드 놀이를 해주는 모습.

치면 아이가 소 카드를 가져가는 방식이다. 혹은 카드 10장을 모두 펼쳐 놓고 그중에서 "고우(狗, 개)"를 고르라고 해도 좋고 거실 끝에 카드를 놓아두고 엄마랑 달려가기 시합을 해서 해당 카드를 먼저 잡는 게임을 해도 재미있다. 이런 게임을 통해 아이가 단어를 알고 있는지 확인해볼 수 있고, 게임에 활용한 단어 중 아이가 잘 모르는 것과 확실히 알고 있는 것을 구분해 잘 모르는 단어만 지퍼백이나 상자에 모아두었다가 나중에 다시 게임을 할 수도 있다.

　중국어를 못하는 엄마들에게 가장 중요한 것은 바로 '사운드' 제공이다. 중국어가 서툰 엄마는 실수를 할 수도 있고 발음이 정확하지 않을 수도 있다. 그러나 만약 카드 자체에서 사운드가 나온다면 이야기는 달라진다. 음성인식 펜으로 눌렀을 때 중국 성우의 정확한 발음이 나온다면 아이와 함께 신나게 따라 해볼 수 있고 엄마 목소리로 들려주다가도 헷갈리면 바로 그 자리에서 펜으로 확인해볼 수 있다.

나는 중국어를 할 수 있기 때문에 굳이 사운드가 필요 없다는 생각으로 처음에는 중국에서 직접 구입한 단어카드를 이용했으나 나중에는 소리펜 기능이 되는 것도 구입했다. 사실 기왕이면 소리펜 기능이 있는 것으로 구입하는 게 여러모로 편리하다. 시중에서 구입하기 쉬운 것으로는 '슈퍼윙스 한·영·중 단어카드'가 있는데 소리펜 기능이 되고 간단한 게임도 있어 재미있게 단어를 익힐 수 있다.

단어가 정리되는 중국어 그림사전

같은 이미지와 같은 단어가 수록되어 있다 해도 책 형태로 묶인 그림사전은 낱장으로 이루어진 단어카드와 다르게 와 닿는다. 뒤죽박죽되기 쉬운 단어카드와 달리 주제별 순서대로 나오는 그림사전은 잘 정리되어 있다는 느낌이 든다. 그리고 무엇보다, 잃어버리기 쉽고 엄마가 정리하고 관리해야 하는 단어카드와는 달리 책으로 묶여 있는 그림사전은 관리도 수월하다.

플래시카드와 함께 한 권 정도 있으면 좋은 단어사전. 나는 단어사전을 얇은 것과 두꺼운 것 두 종류를 구입해 시시때때로 아이가 꺼내 보게 했다.

단어를 익힐 때는 두세 가지 자료를 동원하는 게 좋다. 그중에 기본적으로 구비해놓을 것이 바로 그림사전이다. 전에는 국내에 중국어 그림사전의 종류가 많지 않았고 음성인식 펜으로 사운드가 제공되는 것도 없었으나 최근 종류가 좀 더 다양해졌다.

우리 딸은 15개월쯤 『말문이 빵 터지는 똑똑한 중국어 단어』를 즐겨 봤다. 책이 얇아서 15~18개월 아기가 가지고 다니기에 제격이라 이 방에서 저 방으로 뛰어다닐 때도 늘 손에서 놓지 않았다. 왼쪽 페이지에는 한글이 오른쪽 페이지에는 중국어가 나와서 한창 한국어를 습득해나가는 시기와도 잘 맞아떨어졌다. 한국어로 동물, 과일 단어를 겨우 말하는 때였는데 소리펜으로 찍어 한국어로 듣고 중국어로도 들으니 한 번에 두 언어를 익힐 수 있었다.

소리펜이 되는 다른 그림사전으로는 『첫 그림 중국어 사전』이 있는데, 단어뿐 아니라 간단한 패턴문장도 함께 익힐 수 있다. 가볍게 곁들여진 주제별 스토리가 단순한 단어 나열의 형식에 재미를 불러일으킨다. 다만 발음이 한글로도 표기되어 있다는 점이 아쉽다. 물론 중국어를 모르는 사람에게 도움을 주려는 의도겠지만 한글로 발음을 표기해놓을 경우 자칫 중국어 소리를 그대로 들을 수 있는 귀를 눈이 방해할 수도 있기 때문이다. 한글로 온전히 중국어 발음을 나타낼 수는 없다. 귀로 듣고 그대로 뱉어내는 것이 가장 좋다. 또한 이 단어사전은 상당히 두꺼워서 아이들이 들고 이동하며 보기는 어렵다. 만약 아기가 어리다면 『말문이 빵 터지는 똑똑한 중국어 단어』를 거친 뒤에 『첫 그림 중국어 사전』을 보길 권한다. 우리 딸 역시 그 순서를 거쳤는데 탁월한 선택이었던 듯하다.

그 외에 소리펜 기능은 없지만 CD가 포함되어 있는 중국어 그림단어 사전들이 있다. 만약 집에 한 권 정도 이미 있다면 꺼내서 활용해보길. 소리펜이 안 되더라도 일주일에 한 가지 주제씩 들으면서 CD 음성을 따라하는 것도 단어 학습에 도움이 된다.

온 집 안이 단어사전!
사물에 중국어 카드 붙이기

우리 집 텔레비전에는 '电视 텔레비전'이라고 적힌 단어카드가 붙어 있고 시계에도 '钟 시계'라고 적힌 단어카드가 붙어 있다. 거울, 문, 냉장고 등 집 안 곳곳에 중국어 한자와 한글이 함께 붙어 있다. 아이들이 아기일 때부터 붙여놓은 것인데 이제는 인테리어의 일부처럼 당연하게 느껴질 정도로 자연스러워졌다. 단어카드를 보며 의식적으로 중국어를 한 번 더 말할 수 있기도 하고, 한자와 한글을 동시에 가볍게 노출해주자는 차원에서 첫째가 어릴 적부터 붙여놓았다.

집 안의 사물들은 매일같이 보고 사용하고 만지는 것이기 때문에 제일 먼저 알아야 할 필수 단어이기도 하다. 책으로, 단어카드로 접할 수도 있

아이가 중국어에 익숙해지도록 집 안 곳곳에 단어카드를 붙여두었다.

겠지만 당장 손으로 만지고 사용할 수 있는 실제 물건들을 굳이 책으로만 접할 필요가 있겠는가. 냉장고에서 아이가 직접 우유를 꺼내면서 "빙시앙 ~(冰箱, 냉장고)"이라고 말해보고 거울을 보면서 "징즈~(镜子, 거울)"라고 내뱉는 것이 종이로 보고 CD로 듣는 것보다 100배 낫다. 백문이 불여일 견(百聞不如一見)이라고 하지 않는가. 100번 듣는 것보다 한 번이라도 실제로 경험하는 것이 낫다.

언어 습득은 반복과 꾸준함이 있어야만 성공할 수 있다. 집 안 사물에 이름을 붙여놓거나 꼭 붙이지 않더라도 반복적으로 알려줄 수 있다면 아이의 어휘력이 금방 향상된다. 한자가 적힌 단어카드를 붙여놓으면 한자를 자연스럽게 눈에 익힐 수 있다는 장점도 있지만, 그보다 좋은 점은 엄마가 그 앞을 지날 때마다 의식적으로 아이에게 중국어를 말해줄 수 있다는 것이다. 매일 여닫기만 하던 문도 한자가 눈에 띄면 중국어로 "므언(门, 문)"이라고 한 번 더 말해줄 수 있고 텔레비전 앞에 단어카드가 붙어 있으면 텔레비전을 볼 때마다 "띠엔쓸(电视, 텔레비전)"이라고 한 번이라도 더 말해줄 수 있다.

집 안 여기저기에 카드는 붙여놓았지만 나는 아이에게 카드에 있는 한자를 읽어보라고 하는 부담은 주지 않았다. 그저 중국어가 일상생활에서 자연스럽게 묻어났으면 하는 바람으로 단어를 읽어주거나 말해주었을 뿐이다. 직접 만지고 사용하는 집 안 사물에 중국어 이름표를 붙여주자. 온 집 안이 살아있는 중국어 사전이 된다.

중국어 이름표 달기

집 안의 공간이나 사물에 중국어 이름표를 달아주세요!

방	부엌	거실	베란다
房间 fángjiān	厨房 chúfáng	客厅 kètīng	阳台 yángtái

화장실	책상	의자	시계
洗手间 xǐshǒu jiān	桌子 zhuōzi	椅子 yǐzi	椅子 zhōngbiǎo

침대	책장	옷장	문
窗 chuáng	书架 shūjià	衣柜 yīguì	门 mén

거울	냉장고	텔레비전	컴퓨터
镜子 jìngzi	冰箱 bīngxiāng	电视 diànshì	电脑 diànnǎo

청소기	에어컨	책	장난감
吸尘器 xīchénqì	空调 kōngtiáo	书 shū	玩具 wánjù

Chapter 3

중국어 나이 2세
단어퍼즐 맞추기

중국어 나이 1세에 집 안 곳곳에 중국어 카드를 붙여가며 단어를 익혔다면 이제 중국어 나이 2세에는 단어를 연결하는 짤막한 패턴문형으로 시작해서 단어퍼즐을 연결하는 능력을 키워야 한다. 처음에는 간단한 퍼즐도 맞추기 어려워 끙끙대고 시간도 오래 걸리겠지만 조급해하면 할수록 더 안 맞춰지는 법이다. 좀 더 여유를 갖고 쉬운 단계 혹은 아이에게 맞는 단계부터 차근차근 맞춰나가다 보면 1시간 걸리던 것이 10분이 걸리고 머지않아 멋진 대형 퍼즐도 맞추는 날이 온다.

단어퍼즐을 맞출 땐 느긋하고 여유롭게

　중국어 나이 0세에 많이 듣고 중국어 나이 1세 동안 단어를 충분히 익혔다면 이제 단어퍼즐을 맞추고 그림을 완성할 차례다. 퍼즐을 맞추는 데 걸리는 시간이 짧든 길든 퍼즐조각이 100개짜리든 1,000개짜리든 관계없다. 단어퍼즐을 하나하나 완성해가면서 아이와 함께 기쁨과 희열을 맛보는 시간이라는 것이 중요하다. 아이들의 능력을 한정 짓고 제한하지 말고 항상 가능성을 열어두고 기다린다면 '포텐이 터지는' 놀라운 경험을 하게 될 것이다(포텐터지다. 잠재력(potential)이라는 단어에서 나온 신조어. 잠재력이 한순간에 폭발했다는 의미).

　퍼즐에 도통 관심이 없던 아들이 친구 집에 놀러 갔다가 친구가 복잡한 퍼즐을 멋지게 완성하는 모습을 보고는 그날부터 퍼즐에 매달리기 시작한 적이 있다. 아이는 처음에 간단한 퍼즐도 맞추기 어려워 끙끙댔지만 며칠이 지나자 척척 맞췄다. 처음 퍼즐에 도전할 때는 시간도 오래 걸리고 '이게 이 자리인가? 저 자리인가?' 하며 시행착오도 겪게 되고 잘 안 맞춰질 때는 조바심이 생기고 마음이 급해진다. 그러나 사실 느긋하고 여유로워야 퍼즐조각을 찾는 데 도움이 되고 한결 즐겁게 맞춰갈 수 있다.

　언어를 배우는 과정도 퍼즐을 완성하는 과정과 많이 비슷하다. 단어조각을 두 개씩 세 개씩 그리고 더 길게 연결해나가는 이 과정에서 전 단계와 달리 시행착오도 겪고 성과에 집착하여 마음이 조급해지고 초조해지기 쉽다.

또 아이의 친구는 어렵고 큰 퍼즐도 잘 맞추는데 내 아이는 쉬운 단계에서도 헤매는 것 같아 비교하고 실망하기도 쉽다. 그러나 역시 기억해야 할 것은 퍼즐은 빨리 맞추려고 서두를수록 더 잘 안 맞춰진다는 점이다. 초조해하면 눈앞에 있는 쉬운 조각도 보지 못하고 헤맬 가능성이 높다. 좀 더 여유를 갖고 쉬운 단계 혹은 자기에게 맞는 단계부터 차근차근 맞춰가다 보면 1시간 걸리던 것이 10분이 걸리고 머지않아 멋진 대형 퍼즐도 맞출 수 있는 날이 온다.

이제 서너 단어를 연결하는 짤막한 패턴문형으로 시작해서 차근차근 단어퍼즐을 연결하는 능력을 키워보자. 아이가 처음에는 떠듬떠듬 버벅거리기도 하고 어순도 틀릴 수 있다. 하지만 머지않아 중국어로 재잘재잘 떠드는 날이 올 것이다. 그날을 상상하며 즐거운 마음으로 퍼즐 맞추기 스타트!

패턴으로 중국어 문장의 뼈대를 세우자

퍼즐을 처음 맞출 때는 맨 가장자리부터 맞춰나가야 쉽다. 퍼즐의 테두리에 살짝 보이는 그림을 가이드 삼아 가장자리를 삥 둘러 맞춰가다 보면 그림의 형체가 조금씩 드러나고 곧 완성이 된다. 퍼즐을 맞출 때는 보통 퍼즐판 가장자리의 그림을 따라 시작하지 아무런 힌트가 없는 한가운데부터 시작하지 않는다.

중국어 단어퍼즐을 맞출 때도 안내해줄 가이드가 우선 필요하다. 이 자리에 무슨 단어가 오면 되는지 그 다음에는 무슨 단어퍼즐을 끼워야 완성이 되는지 안내해줄 가이드가 바로 '패턴'이다. 다른 말로 '문형'이라고 할 수 있는데 문형이란 언어 요소가 문장 속에서 어떻게 배치되고 결합되는지를 형식화하고 규칙화하여 분류한 글의 유형을 말한다. 중국어는 한국어와 어순이 다르다. '나는 사과를 먹는다'가 아니라 '나-먹는다-사과'의 구조이며 중국어에는 '은, 는, 이, 가'와 같은 격조사가 없다. 이와 같이 중요한 내용을 아이들은 어법이 아닌 문형(패턴)을 통해 자연스럽게 습득하게 된다.

나는 아이가 하루에 보아야 할 패턴책의 양을 아예 정해놓고, 아이에게 매일 봐야 한다고 처음부터 못 박아놓았다. 처음에는 쉽지 않았다. 아이가 하기 싫다며 고개를 젓기도 하고 다른 방으로 도망가서 숨기도 했다. 막무가내로 억지로 시키지는 않았으나, 초콜릿으로 사탕으로 어르고 달래 정

첫째 아이가 꽤 오랫동안 본 패턴책 『Oh, Talk』. 암기를 강요하지 않고 하루에 1분이라도 꼭 따라 하는 것을 철칙으로 했다. 아이가 소리펜을 찍으며 따라 읽는 모습.

해진 양을 꼭 마치도록 했다. 한 달쯤 지나고 나니 아이도 으레 매일 하는 일과로 받아들였다. 처음에는 듣기만 하던 것을 소리펜이나 엄마의 음성을 듣고 따라 읽기로 바꿨고 나중에는 혼자서 스스로 읽도록 했다.

중국어에서 가장 중요하고 기본이 되는 어순을 익히는 데 패턴 연습만 한 것이 없기에 패턴책은 좋든 싫든 매일 하도록 애썼다. 물론 한두 달이 아니라 우리 아이의 속도를 감안해 천천히 아주 천천히 1년 가까이에 걸쳐 진행했다. 30권짜리 패턴책을 다 보고 나서도 또 다른 패턴책으로 계속 습관을 이어나갔다.

패턴은 길지 않은 짧막한 것으로 시작해야 한다. 예를 들면 '나는 사과를 먹어요'라는 문장처럼 '나, 사과, 먹다'라는 단어 3개로 된 패턴이면 충분하다. 그리고 단어만 바꿔서 '나는 사과를 먹어요'의 사과 자리에 딸기, 바나나, 귤을 넣어 '나는 딸기를 먹어요', '나는 바나나를 먹어요', '나는 귤을 먹어요' 식으로 패턴을 연습하는 것이다.

패턴으로 중국어 문장 연습을 시작하면 따로 문법을 다룰 필요가 없다. 문법에 대한 설명 없이도 반복되는 패턴을 통해 문장의 어순이 저절로 익혀지고 또 연습이 충분히 되면 자동 반사적으로 문장이 튀어나온다. 그래서 패턴은 문법에 대해 장황하게 설명해줄 수 없는 아이들에게 가장 이상적인 학습법이기도 하다. 물론 패턴 학습법은 성인이 외국어를 배울 때도 좋은 방법 중 하나이지만, 소리에 더욱 민감하고 자질구레한 분석 없이 들리는 대로 흡수하는 아이들의 경우 성인보다 훨씬 더 유리하다. 때문에 시중에서 흔히 볼 수 있는 어린이 중국어 교재도 어법은 다루지 않고 주제별로 단어를 익힌 후 패턴문형으로 단어만 바꿔 연습하도록 되어 있다. 예를 들어 색깔을 배우는 거라면 빨주노초파와 같이 색깔 단어를 익힌 후에 '나는 ○○색을 좋아해' 같은 문형으로 연습한다. '나는 빨간색을 좋아해', '나는 노란색을 좋아해', '나는 초록색을 좋아해'를 본문과 노래, 워크북 활동 등으로 익히도록 되어 있다. 이렇듯 아이들에게는 어법을 설명할 필요가 없다. 먼저 단어를 익힌 후에 필수문형에 단어를 대입하여 연습하기만 하면 된다. 실제 학교에서 수업할 때도 주제 단어를 먼저 익힌 뒤 문형에 단어만 바꿔 패턴을 연습한다.

패턴으로 문장의 뼈대를 세울 때는 우선 패턴책을 정해 그 책을 충분히 보고 듣고 생활에서 사용하는 과정이 필요하다. 먼저 책을 눈으로 보면서 엄마와 익히고, 평소 그 책의 음원을 많이 들어 완전히 익숙해진 다음에는 실생활에서 사용해보는 3단계를 거치는 것이 가장 이상적이다. 평소에 많이 보고 들었다면 아이가 스스로 뱉어낼 수도 있다. 그러나 엄마가 살짝 유도하거나 선창해주면 보다 쉽게 더 반복적으로 말하기를 연습할 수 있다.

사실 패턴문장은 쉽고 짧기 때문에 평소에 아이와 충분히 보고 들었다면 엄마도 어지간히 암기가 될 정도에 이른다. 그러다가 사과를 먹거나 딸기를 먹을 때 놓치지 말고 '나는 딸기를 먹어요'라는 문장을 아이와 말해보는 것이다. 과일을 먹을 때마다 이 문장을 말로 꺼냈다면, 또 한두 달 반복했다면, 아이는 자기도 모르는 사이 이미 이 문장을 수십 수백 번 반복했을 것이다. 아이는 이제 과일 외에 다른 음식을 넣어 '나는 과자를 먹어요'라고 말할 수도 있고 '엄마는 과자를 먹어요'라고 주어를 바꿔 말할 수도 있고 '나는 과자를 사요'라고 동사를 바꿔 말할 수도 있게 된다. 앞서 모은 단어 퍼즐조각이 패턴문형에 맞춰져 수십 수백 개의 문장으로 재탄생하는 것이다. 그리고 이런 패턴이 모이게 되면 문장을 연결해 말할 수 있고 이야기를 전달할 수 있고 중국어를 유창하게 할 수 있게 된다.

퍼즐의 첫 단추를 끼우는 추천 패턴책

꼬마 판다 나나의 말문이 빵 터지는
세 마디 중국어 단어+패턴책

아이들이 꼭 알아야 할 30가지 주제의 필수 패턴을 만나볼 수 있다. 패턴에 등장하는 단어를 따로 학습할 수 있고 패턴을 확장한 스토리로 연계할 수 있다. 세이펜 기능이 지원된다.

『Oh, Talk(오톡)』

영어, 중국어, 일본어, 스페인어, 프랑스어 5가지 언어를 만나볼 수 있는 다개국어 패턴책으로 30가지 주제로 구성되어 있다. 세이펜 기능이 지원된다.

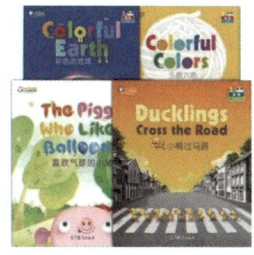

쿨판다 소아한어교학자원 시리즈
(cool panda 少儿汉语教学资源)

날씨, 계절, 자연, 과일, 중국 문화 등 각 주제마다 2~4권씩 구성되어 있으며 주제별로 구입할 수 있다. CD 혹은 QR코드로 단어, 본문, 노래 등 책의 내용을 중국어로 들을 수 있다.

'꼬마 판다 나나' 시리즈로
중국어 기초를 탄탄하게!

엄마표 중국어를 실행하는 엄마들이 아직은 많지 않아서인지 100퍼센트 마음에 드는 교재를 만나지 못했다. 그래서 아이들이 꼭 알아야 할 필수 단어와 기본 문형을 담은 『꼬마 판다 나나의 말문이 빵 터지는 세 마디 중국어 단어+패턴책』을 집필하게 되었다. 세 권으로 구성된 이 책에는 240개의 단어와 30개 문형을 다뤄 아이들의 중국어 기초를 탄탄하게 다져줄 수 있는 중국어 교재다. 이 책과 함께 상황 속에서 중국어 문장을 익힐 수 있도록 구성한 『꼬마 판다 나나의 말문이 빵 터지는 세 마디 중국어 그림책』도 집필했다. '단어+패턴책'으로는 단어와 문형을, '중국어 그림책'으로는 문장의 쓰임을 습득할 수 있다.

이제부터 필자가 집필한 두 시리즈를 제대로 활용하는 방법을 소개하고자 한다. 꼭 필자의 책이 아니더라도 다른 중국어 교재로 공부할 때도 상황에 맞게 적용해볼 수 있을 것이다. '중국어 그림책'은 아이가 최대한 자연스럽게 접할 수 있도록 하자. 아이가 원할 때 그림책을 들려주고 보고 싶어 하지 않는다면 책을 덮어야 한다. 반면 '단어+패턴책'은 매일 꾸준히 반복하는 것이 중요하다. 매일 아침, 저녁으로 세수하고 하루 세 끼를 먹듯이 매일 당연히 해야 하는 일이라는 것을 인지시키고 아주 잠깐이라도 하루 한 번 이상 반복적으로 단어와 패턴을 익히게 한다. 할 수 있으면 하루에도 여러 번 다양한 방법을 동원해 반복하면 더욱 좋다.

단어 익히기

예를 들어 치약, 칫솔, 화장지 등과 같은 욕실용품에 대해 배운다고 가정하고 다음 순서에 따라 단어를 익히면 된다.

① QR코드 강의 시청 : 교재 상단의 QR코드를 찍어 나나샘의 강의를 시청한다.

② 세이펜 듣고 따라 하기 : 세이펜을 사용해 단어를 듣고 여러 번 따라 해본다.

③ 세이펜 단어 게임 : 단어가 익숙해졌을 때쯤에 교재 상단의 세이펜 단어 게임을 한다(세이펜이 들려주는 단어를 찾는 게임이다).

④ 엄마와 복습 : 엄마와 간단한 놀이나 게임으로 복습한다(내가 자주하는 초간단 게임은 뽕망치 게임. 엄마가 단어를 말하면 아이가 뽕망치로 해당 단어를 재빠르게 내려친다. 바꿔서 아이가 말하고 엄마가 맞힌다).

⑤ 실제 사물 찾아 매칭하기 : 실제 집안에서 해당 사물을 찾아 말해본다. 욕실에서 직접 배운 단어의 물건을 찾아보고 먼저 찾은 사람이 중국어로 단어를 외친다.

⑥ 선생님 놀이하며 정리하기 : 나나샘 블로그에 매주 한 과씩 소개하는 놀이와 활동을 함께해본다.

'꼬마 판다 나나 3'과 욕실용품을 주제로
욕실을 꾸미는 활동모습

아이마다 재미있어 하는 학습법과 놀이는 조금씩 다를 수 있다. 둘째는 선생님 놀이를 좋아하는데 지겹지도 않은지 매일같이 선생님이 되어 그 날 배운 내용을 반복한다. 나중에는 시키지 않아도 첫째와 경쟁이 붙어 서로 하겠다고 하니 나로서는 꽤 괜찮은 방법이었다.

패턴 문장 익히기

단어를 충분히 익힌 후에는 '나는 ~이 필요해요(我要~)'라는 패턴을 연습해본다. 단어를 익힐 때처럼 세이펜으로 듣고 나나샘 강의도 보고 놀이도 하고 다양한 방법으로 연습하면 된다. '단어는 술술 나오도록 반복하며 패턴은 입에 착착 붙도록 많이 말해야 한다'는 것을 기억하고 빨리 진도를 나가려 하기보다 문장을 천천히 반복하는 것이 좋다.

'나는 화장지가 필요해요(我要手纸)'라는 문장을 말할 수 있다면 그 다음에는 실생활에서 자주 그 문장을 사용해본다. 일부러라도 화장지를 멀리 두고 아이에게 '나는 화장지가 필요해요(我要手纸)'라고 말해보자. 배

선생님 놀이를 하며 그날 배운 내용을 정리하는 둘째 아이와 첫째 아이

운 표현을 실제 상황에서 활용해보는 것이다.

지금까지 설명한 것과 같이 패턴 문장을 익히는 것도 단어 익히기와 비슷하며 다음 순서에 따라 진행하면 된다.

① QR코드 강의 시청

② 세이펜 들고 따라 하기

③ 그림책으로 여러 번 접해보기

④ 실제 상황에서 사용하기

⑤ 선생님 놀이하며 정리하기

단어를 익히고, 문장으로 연습하고, 그림책에서 재미있게 다시 보고, 실생활에서 말로 해보면 아이는 완벽하게 해당 문장의 '단어의 뜻'과 '문장의 구조' 그리고 '쓰임'까지 이해했을 것이다. 이보다 완벽하고 탄탄하게 중국어 기초를 세우는 방법이 있을까! '꼬마 판다 나나' 시리즈로 중국어 기초를 탄탄하게 세워보자.

망각의 법칙을 이기는 유일한 방법, 반복의 법칙

나는 아이들에게 중국어를 가르치면서 '아이들은 스펀지가 물을 흡수하듯 배운다'는 말을 매일같이 실감한다. 발음도 어쩜 원어민 아이 저리 가라 할 만큼 좋은지, 또 단어는 어찌 그리 금방 기억해내는지 신기할 정도다. 그런데 재미있는 것은 다음 수업시간이 되면 언제 그랬냐는 듯 새카맣게 까먹고 오는 아이들도 그만큼 많다는 것이다. 그래서 나는 늘 다음 시간까지 집에서 듣거나 보여주십사 하고 영상이나 듣기 자료를 부모님께 꼭 챙겨드린다.

한 주간 집에서 한 번이라도 복습하고 온 아이와 전혀 복습이 안 된 아이는 다음 수업에서 확연한 차이를 드러낸다. "우리 지난 시간에 뭘 배웠지?" 하고 물으면 "선생님! 저 나 알아요! 한번 해볼까요?"라며 자신감을 내비치는 아이가 있는가 하면 순간 꿀 먹은 벙어리가 되어 눈치만 살피는 아이도 있다. 이러한 태도는 수업 참여도에도 큰 영향을 끼칠 뿐 아니라 중국어에 대한 흥미의 지속 여부를 결정하기도 한다.

또 일정 기간이 지나면 어휘량에도 큰 차이가 벌어져 똑같이 수업을 받았음에도 불구하고 어떤 아이는 100개가 넘는 어휘를 아는데 어떤 아이는 아는 단어가 30개도 채 되지 않는다. 물론 수업시간에 배웠던 내용을 함께 되짚어보기도 하지만 제한된 시간과 수업시수 안에서 아이들의 망각 속도와 비율을 따라잡기는 거의 불가능하다.

그렇기 때문에 나는 매번 수업이 끝나면 부모님들에게 "다음 수업 전까지 꼭 들려주세요"라는 부탁을 잊지 않는다. 수업이 끝난 후에 책을 한 번 더 펼쳐본 아이, CD를 한 번 더 들어본 아이가 결국은 흥미와 자신감을 갖고 수업시간에도 반짝반짝 빛을 발하는 것을 직접 보아왔기 때문이다.

그런데 엄마표 중국어는 아이에게 풍부한 중국어 환경을 얼마든지 제공해줄 수 있다. 선생님은 제한된 시간 때문에 충분히 반복해서 알려주기 어렵지만 엄마는 다르다. 아이와 함께 보내는 시간이 선생님과는 비교가 안 될 정도로 길다. 그리고 아이를 책상에 앉히거나 바른 자세를 취하도록 하는 형식 따위에 구애받을 필요도 없다. 소파에 편안하게 앉거나 바닥에 누워서 혹은 밥을 먹거나 차를 타고 이동 중일 때 언제든 아이에게 중국어를 반복해서 들려주고 보여주고 알려줄 수 있다.

거창한 교구나 공부 시간을 따로 마련할 필요도 없다. 설거지하는 동안 잠깐, 거실 정리하는 동안 잠깐, 아이가 놀고 있을 때 잠깐씩 CD를 틀어준다거나 DVD를 틀어주는 것으로 아이가 배운 내용을 반복 학습하게 할 수 있다. 또 잠자리에 누워 매일 중국어 책 한 권을 같이 보는 것만으로도 아이들에게 아주 훌륭한 반복 학습이 된다.

아이들은 잘 받아들이고 기억하지만 또 그만큼 잘 잊어버린다. 잘 알던 것들도 반복 학습 없이 몇 달이 지나면 처음 보는 듯한 눈빛으로 "엄마, 나 몰라!" 하고 외칠 수 있다. 따라서 전 단계에서 듣고 보고 했던 것들도 안다고 해서 그만 치워버릴 게 아니라 지속적으로 보여주고 또 쉬었다가 다시 들이미는 반복 학습이 필요하다.

효과적인 반복 학습법 세 가지를 소개한다.

첫 번째 방법은 '흘려듣기'다. 아무 내용이나 흘려듣는 것이 아니라 이미 알고 있는 내용 혹은 지금 보고 있는 책의 내용을 흘려들으며 반복하도록 한다.

두 번째 방법은 책에서 본 내용을 직접 생활에서 '체득'하는 것이다. 예를 들어 단어카드로 '사과(苹果)'라는 단어를 익혔다면 사과를 먹을 때 엄마가 "핑구어"라고 말해보는 것이다. 사과를 눈으로 보고 직접 만지고 입으로 먹으면서 "핑구어!"라고 한 번 외치는 것이 책으로 10번 보는 것보다 훨씬 더 아이의 머릿속에 또렷이 박힐 것이다. 아이들은 보통 직접 보고 만지고 맛보고 듣고 냄새도 맡아보는 식으로 오감을 이용하면 더 잘 배우고 더욱 흥미를 느낀다. 중국어도 결국은 언어이기 때문에 실생활에서 듣고 뱉어낼 때 더욱 생생하게 다가오고 더욱 선명하게 기억할 수 있다.

만약 책에서 '사과는 맛있어'라는 간단한 문장을 보았다면 사과라는 단어를 모든 음식으로 바꿔서 말해보자. "바나나는 맛있어", "밥은 맛있어", "과자는 맛있어"……. 시작은 어려울지 모르나 시작이 반이듯 생활중국어가 그리 어려운 일은 아니다. 유창한 중국어를 구사하라는 것이 아니라 아이들이 매일같이 보았던 책, 보고 있는 책의 가장 간단한 문장을 단어만 바꿔 사용하는 수준 정도면 이미 아주 훌륭한 생활중국어다.

세 번째 방법으로는 '봤던 책을 기간을 두고 또 다시 꺼내 보는 것'이다.

아이가 잘 보다가 시들해진 중국어 동화책을 몇 달간 넣어둔 뒤 다시 꺼내 읽어줄 때가 간혹 있다. '여전히 재미있어할까?' 하고 별 기대 없이 읽어주는데도 아이는 여전히 아주 재미있어한다. 때로는 예전에 볼 때보다 더욱 좋아할 때도 있다. 그동안에 다른 책이나 CD를 통해 쌓인 어휘력이 있어서 예전에는 미처 이해하지 못했던 장면이나 문장을 확실히 알게 됨으로써 이전에 몰랐던 재미를 느끼기도 한다. 책을 일정 기간 잘 봤다고 해서 다 뗐다고 생각하지 말고 잠시 넣어두었다 꺼내 보는 기회를 최소 두세 번 갖도록 하자. 아이가 망각한 단어를 다시 되짚어볼 수 있고 또 그간 새로 쌓아올린 어휘가 빛을 볼 수 있는 기회가 되기 때문이다.

정리하자면 '아는 내용을 다시 반복해 (흘려)듣기 → 아는 내용을 생활에서 몸소 사용해보기 → 봤던 책을 기간을 두고 또 다시 꺼내 보기'다. '망각의 법칙'을 이기는 유일한 방법은 '반복'이기 때문이다.

아름다운 동시(얼거) 암송으로
중국어 감각을 기르자

2005년 중국에 처음 도착했을 때 나는 이미 전공수업을 통해 회화책 두 권을 뗀 상태였지만 막상 중국인을 보자 바로 말이 나오지 않았다. 입 안에서는 맴도는데 말로는 바로바로 이어지지 않는 답답한 상황. 그러던 차에 당시 한국인 선교사님의 소개로 아주 작은 규모의 개인 유치원을 운영하는 분을 알게 되었다. 그 분은 나에게 일주일간 그곳에서 아이들과 시간을 보내며 중국어를 익혀보면 어떻겠냐고 물으셨다. 어찌 보면 좀 당황스럽고 우스운 상황이었을 법도 한데 유치원에서 아이들과 보낸 시간이 참으로 재미있었다. 스물한 살의 나는 다섯 살, 여섯 살 아이들과 교실에 함께 앉아 수업을 받기도 하고 어울려 놀기도 하며 한 주간 오전시간을 유치원에서 보냈다. 다 큰 어른이 유치원생이 된 것이니 지금 생각해봐도 참

중국 시골 유치원에서 아이들과 함께한 중국어 암송 시간. 왼쪽부터 선생님, 아이들, 나.

재미있는 상황이다.

그러다 중국어 성조를 제대로 익혀야겠다고 확실히 깨달은 날이 있었다. 선생님이 보여주는 그림을 보고 큰 소리로 단어를 말하는 시간이었다. 안경 그림이 나왔길래 아는 단어다 싶어서 얼른 "옌징!"이라고 외쳤다. 그런데 아이들이 내 소리를 듣고는 그게 아니라며 아우성치는 게 아닌가. 중국어로 안경은 '옌징'인데 성조가 3성, 4성이기 때문에 '징'의 발음을 세게 해야 한다. 그런데 나는 '징'의 발음을 3성 경성으로 가볍게 했던 것이다. '옌징'의 징을 가볍게 발음하면 '안경'이 아닌 '눈'이라는 의미가 된다. 같은 '옌징'이지만 성조를 틀리면 의미가 달라지는 것이다. 다 큰 어른이 발음을 틀리니 아이들이 막 웃어대기도 하고 그게 아니라며 큰 소리로 발음을 가르쳐주기도 했다.

그리고 유치원에서 가장 인상 깊었던 또 한 가지는 바로 암송 시간이었다. 아이들은 매일같이 큰 소리로 암송을 했다. 중국어로 시나 글을 외우는 것을 베이송(背诵 bèisòng)이라고 하는데 유아, 초등학생 할 것 없이 암송하는 시간을 꼭 갖는다. 내가 있었던 유치원에서도 역시 매일 일정한 시간에 아이들이 고시(고대의 시)를 암송했다.

외국어를 배우는 데 있어 암기, 암송이 가져다주는 장점은 굉장히 많다. 암기, 암송을 많이 할수록 당연히 아는 어휘가 많아지고 어순도 보다 자연스럽게 습득할 수 있다. 게다가 자신의 생각을 말하거나 써야 할 때 외운 것이 바탕이 되어 보다 쉽고 조리 있게 의견을 전달할 수 있으며 문법상의 실수도 피할 수 있다. 중국어를 배울 때도 암기는 필수다. 그러나 딱딱

하고 재미없는 문장 암기는 오히려 배움의 의지를 꺾을 뿐이다. 3자얼거 (세 글자로 된 동시)와 같이 흥미롭게 배울 수 있는 것이라야 한다.

나는 아이에게 중국에서 공수해온 3자얼거를 읽어주곤 했다. 3자얼거는 중국의 아주 어린아이들이 말을 배울 때 활용하는 아주 쉬운 동시다. 아이들에게 친숙한 장난감이나 인형, 동물, 과일, 자연 등을 주제로 하여 세 글자씩 구성된 짤막한 동시로 리듬감이 무척 재미있다. 멜로디만 빠진, 성조가 살아있는 동요라고 생각하면 된다. 중국에서는 말 트임을 돕기 위해 아직 말이 안 트인 아기나 이제 막 말을 하려고 하는 두세 살 아기들에게 읽어준다. 내용도 아주 쉬운데 비유하자면 '나비야, 나비야, 이리 날아오너라' 혹은 '반짝 반짝 작은 별' 정도 수준의 아주 쉽고 예쁜 동시다.

나는 먼저 아이가 가장 좋아할 만한 내용의 얼거를 두세 개 골라 자기 전에 읽어주기도 하고 평소에 들려주기도 했는데 아이의 반응은 생각보다 훨씬 좋았다. 세 글자씩 떨어지는 박자감이 있어서인지 아직 어린 둘째

아이와 함께 3자얼거를 암송하는 모습.

도 무척 재미있게 들었다. 문장이 길거나 단순한 패턴의 반복이면 아이에게 지루할 수 있는데 3자얼거는 세 글자씩 세 글자씩 이루어진 반복이 예쁜 운율을 이루어 듣기도 좋고 따라 하기도 무척 쉽다. 어려운 말이 아닌 일상에서 활용하기 좋은 문장으로 구성되어 있

기 때문에 우리 아이들이 쉽고 즐겁게 중국어를 암송할 수 있는 최고의
방법이다.

예를 들어 '과일의 색깔'이라는 얼거를 통해 과일의 이름과 색깔 그리고
의문대명사 '무엇'을 자연스레 배울 수 있다. 내용은 아래와 같다.

水果的颜色 과일색깔
shuǐguǒ de yánsè
슈에이구어 더 옌써

什么红，苹果红
Shénme hóng， píngguǒ hóng，
션머　　홍,　　핑구어　홍

무엇이 빨갈까? 사과가 빨갛지

什么黄，香蕉黄
shénme huáng， xiāngjiāo huáng
션머　　황,　　시앙지아오 황

무엇이 노랄까? 바나나가 노랗지

什么绿，西瓜绿
shénme lǜ， xīguā lǜ
션머　　뤼, 시과 뤼

무엇이 초록일까? 수박이 초록이지

什么紫，葡萄紫
shénme zǐ， pútao zǐ
션머　　즈, 푸타오 즈

무엇이 보라일까? 포도가 보라지

이와 같이 3자얼거는 간단한 패턴의 아주 기본적인 표현부터 복잡하고
어려운 표현까지 모두 다룰 수 있지만 재미있는 리듬감 덕분에 어려운 것
도 쉽게 암송할 수 있다.

예를 들어 다음 3자얼거의 경우 병원놀이라는 주제로 병원에서 사용하는 단어와 표현을 다양하게 배울 수 있다. 여기 나오는 '콧물이 나다', '열이 나다', '감기에 걸리다', '약을 처방하다' 등의 표현을 책으로 보며 공부한다면 재미도 없고 잘 외워지지도 않지만 3자얼거로 노래 부르듯 따라하면 재미있고 쉽게 익힐 수 있다. 다음의 3자얼거를 암송하고 병원놀이에까지 활용한다면 이보다 더 쉬우면서도 활용도 높은 방법이 어디 있겠나 싶다.

医院游戏 병원놀이
yīyuàn yóuxì
이위엔 요우시

当医生，当病人
dāng yīshēng，dāng bìngrén，
당 이성,　　　당 삥른

의사가 환자가 되어요

流鼻涕，发烧了
liú bítì，　fāshāo le，
리오우 비티, 파샤오 러

콧물이 나고 열이 나요

感冒了，开点药
gǎnmào le，kāi diǎn yào，
간마오　러, 카이 디엔 야오

감기에 걸렸군요 약을 처방해줄게요

多喝水，休息吧
duō hē shuǐ，xiū xī ba
뚜어 흐어 슈에이, 시우시 바

물을 많이 마시고 잘 쉬세요

3자얼거는 주제가 딱 아이들의 눈높이에 맞아 내용이 흥미롭다. 또 세 글자로 이루어져 있기 때문에 박자감을 타고 쉽게 외울 수 있다. 동요의 경우 멜로디가 있어서 성조를 다시 익혀야 하지만 3자얼거는 멜로디가 빠진 동요와 같다. 리듬이 살아있어서 흥겨우면서도 성조를 방해하는 멜로디가 없다. 딱딱 맞아떨어지는 박자감이 오히려 성조를 더욱 정확하고 도드라지게 해준다. 성조의 중요성은 앞서 안경(眼鏡, 옌징)이라는 단어를 통해 언급했다. 쉽고 재미있으면서도 또 정확하게 배울 수 있는 3자얼거를 적극 추천하지 않을 수가 없다.

중국어 그림책과 진짜 친구 되기

같은 중국어 책이라도 나는 엄마표 중국어에서 패턴책과 그림책을 대하는 태도가 완전히 다르다. 좋든 싫든 매일 하는 것으로 못 박은 패턴책과 달리 그림책, 동화책은 정해진 양을 아이에게 보자고 한 적이 없다. 초콜릿 같은 달콤한 유혹으로 자리에 앉힌 적도 없다. 한 권이면 한 권, 10권이면 10권, 아이가 보고 싶은 대로 봤고 물론 보지 않은 날도 많았다.

책을 읽어주려고 중국어 그림책을 들었는데 아이가 "좀 있다가 볼래!"라고 하거나 싫다고 하면 그냥 책을 내려놓았고 읽다가 다른 장난감을 가지러 가버리거나 자리를 떠도 그대로 두었다. 그림책은 중국어를 배울 수 있는 훌륭한 수단이지만 아이가 그것을 눈치채거나 느끼지 않도록 했다. 중국어 그림책을 읽을 때 만큼은 중국어를 배우는 게 아니라 재미난 이야기를 듣는 시간이라고 생각하길 바랐다.

첫째 아이는 중국어 책을 아예 꺼내볼 생각도 하지 않았다. 물론 내가 읽자고 하면 거부하지는 않았지만 중국어 책을 스스로 보자고 한 날은 거의 없었다. 낮에 중국어 책을 보자고 하면 아이 대답은 늘 "나중에요, 좀 있다가요"였다. 그래서 잠자리에서 아이가 잠을 자기 싫어서 무슨 책이라도 보고 싶어하는 그때밖에 기회가 없었다.

그러다가 둘째 아이가 크면서 자기 전 독서전쟁이 펼쳐지기 시작했다. 자는 시간에 서로 자신의 책을 읽어달라며 실랑이하다가 울고 싸우는 일이 빈번해졌다. 그래서 똑같이 다섯 권씩 책을 가져오라고 하고 순서대로 한 권씩 돌아가며 읽어주었는데 어느 날부턴가 첫째 아이가 신기하게도 중국어 책만 뽑아오는 게 아닌가. '꼬마 미키' 시리즈를 매일같이 가지고 오더니 그것을 시작으로 중국어 책만 계속 읽어달라고 했다. 몇 번씩 반복해서 '꼬마 미키' 시리즈를 보더니 '코끼리와 꿀꿀이' 시리즈를 재미있어 했다. 그러다가 '꼬마 당나귀 버찌', '바바파파' 시리즈도 좋아하고 예전에 보던 단행본들『누가 내 머리에 똥쌌어?』나『악어도 깜짝, 치과 의사도 깜짝!』,『개미와 수박』같은 책들도 잊지 않고 꺼내왔다.

그제야 중국어 그림책을 의무적으로 읽게 하거나 보기 싫다는 아이를 억지로 앉혀놓지 않은 것이 참 잘했다 싶었다. '우리 아이는 중국어 책을 안 좋아해'라는 생각을 해본 적이 있는 엄마라면 한 번쯤 되돌아봤으면 한다. 혹시 억지로 붙잡아두고 있었던 건 아닌지 말이다. 그게 아니라면 아이가 아직 습관이 안 되고 낯설어서 그럴 수도 있다. 그러니까 '우리 아이는 중국어 책을 좋아하지 않는다'가 아니라 '아직 낯설어서'인 것이다.

중국어 그림책을 매일 스스로 찾게 만드는 방법은 간단하다.

첫째, 싫다는 아이를 억지로 보게 하지 말고 달콤한 것으로 유혹하지도 말자. 책 읽자고 꼬이는 자체가 이미 아이가 중국어 그림책 자체를 즐길 수 없게 만드는 원인이다.

둘째, 빨리 여러 권 읽어 권수를 채우려는 욕심을 버리고 마음껏 천천히 즐길 여유를 아이에게 주자. 한 권이라도 정성껏 읽어주자.

셋째, 아이의 손길이 닿는 곳에, 책의 표지가 보이도록 비치해서 아이가 원하면 언제든 펼쳐볼 수 있게 하자.

　엄마가 그림책을 들이밀며 조급해하고 강요하면 아이는 이미 다 알고 더 멀리 도망간다. 다른 건 몰라도 그림책만큼은 학습 효과를 기대하지 말고 중국어로 이야기 여행을 떠난다 생각하고 이야기 들려주기에 초점을 맞추자. 그러면 아이는 어느새 엄마 옆에 딱 붙어서 더 읽어달라고 조를 것이다. 아이라면 누구나 이야기 듣기를 좋아한다.

　간혹 중국어 그림책을 보고 난 후 특별한 독후활동이나 활동지를 해보면 어떨까 하는 엄마들이 있는데 사실 중국어는 한글이나 영어 그림책과 달리 독후활동에 관한 자료를 찾기도 힘들고 엄마가 한국어나 영어만큼 중국어가 능통하다면 모를까 활동 과정도 쉽지가 않다. 때문에 나는 독후활동을 위해 엄마가 직접 자료를 만드느라 몇 시간씩 허비하는 것보다 아이와 함께 책을 한 번 더 보는 것이 낫다고 생각한다. 앞서 말했듯 중국어 책은 한 번 제대로 연습하면 수십 수백 번 읽어줄 수 있다. 투자 대비 톡톡한 효과다. 반면에 독후활동은 준비시간이 상당한 데 반해 아이가 거부할 수도 있고 효과가 미미할 수도 있기 때문에 굳이 하지 않아도 된다는 생각이다. 나는 독후활동을 준비하는 대신 그 에너지를 책 한 권 더 읽어주는 데 썼다.

　만약 책 자체에 워크북이 포함되어 있거나 출판사에서 활동지를 제공하는 경우라면 어차피 있는 것을 일부러 안 할 필요는 없다. 중국어 그림책의 독후활동 자료는 인터넷을 검색해도 잘 나오지 않는데 엄마의 수고를 대신해 만들어 제공해준다면 그저 '땡큐!'다.

중국어 그림책을 보고 난 후 독후활동을 할 필요는 없지만 책 자체에 워크북이 포함되어 있다면 하는 것이 좋다. 사진은 『말문이 빵 터지는 중국어 명작 동화』의 워크북을 보고 있는 첫째 아이의 모습.

워크북이 포함된 중국어 동화책으로는 『말문이 빵 터지는 중국어 명작 동화』가 있다. 필자가 집필한 책이라 소개하기가 쑥스럽지만 단어 카드와 간단한 활동지가 포함되어 있어 엄마가 굳이 뭔가를 준비하지 않아도 손쉽게 활용할 수 있다.

만약 아이가 중국어 그림책과 많이 친해졌고 중국어로 띄엄띄엄이라도 말할 수 있게 되었다면 책을 읽고 난 후 한 장면을 골라 문장을 말해보거나 재현해보는 활동 정도는 해볼 수 있다. 기억나는 한두 문장을 말해보거나 한 장면을 골라 엄마와 재현하는 데는 준비하는 시간이나 노력이 특별히 들지 않는다. 여러 번 읽고 내용이 충분히 숙지된 책이라면 가능하다. 명작 동화 '백설공주' 편을 본 후에 나는 며칠간 마녀가 되어 "마이 핑구어(买苹果, 사과 사세요)"하며 아이와 놀았는데 아이도 무척 재미있어하고 대사를 따라 하곤 했다.

역할 놀이는 책장을 덮은 그 자리에서 다른 준비물 없이 바로 할 수 있는 간단한 활동이면서 효과가 무척 좋은 방법이다. 스스로 말해본 문장은 확실히 더 오래 기억에 남는다. 이런 문장이 계속 쌓이면 중국어에 대한 자신감과 함께 말하기 능력도 쑥쑥 자란다.

중국어 나이 2세 추천 그림책

생활 · 성장동화 시리즈

아기오리 생활그림책

(小脚鸭情商管理小绘本) (전 30권) 손정 글, 오비 그림

중국어 나이 2세는 생활 관련 어휘와 표현을 익혀야 하는 단계이다. 이 책은 아이들이 공감하고 흥미를 가질 수 있는 스토리에 대화문과 서술문이 적절히 섞여 있어 구어체뿐 아니라 문어체도 자연스럽게 익힐 수 있다. 한 페이지에 한두 문장으로 글밥이 많지 않은 편이나 중국어 나이 1세에 보던 생활동화와 달리 문어체의 고급 단어도 종종 등장한다는 점이 1세에 보는 생활동화책과 다른 점이다. 정서발달, 행동발달, 안전생활 각 10권, 총 30권으로 구성되어 있다.

아기오리 치우치우의 성장그림 시리즈

(小鸡球球成长绘本系列) 이리야마 글, 그림

글과 그림이 아기자기하고 잔잔한 생활그림책. 펼쳐서 보는 플랩북이며, 스마트폰 앱으로 한 권에 한 쪽을 AR(증강현실) 3차원 영상을 볼 수 있다는 점도 흥미롭다. '아기오리 생활그림책'보다 쪽수는 많지만 대화체가 더 많이 나와 난이도는 비슷하다.

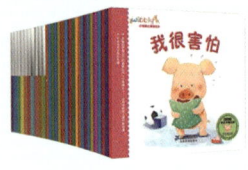

꼬마 돼지 위블리 시리즈 (小猪威比) 믹 잉크펜 글, 그림

생활동화 10권, 감정정서동화 10권, 인지학습동화 10권으로 구성되어 있어 한 번에 다양한 내용을 만나볼 수 있다. 한 쪽당 한 줄 정도의 짧은 문장이 나오지만 중국어 나이 1세에 보는 한 줄 책에 비해 단순한 반복이 적고 좀 더 풍부한 어휘를 만나볼 수 있는 만큼 중국어 나이 2세 단계에서 보기 좋은 책이다.

추피 생활동화 시리즈(乔比) 티에리 쿠르텡 글, 그림

때론 실수하고 혼나기도 하지만 지혜롭게 상황을 해결하는 추피의 일상이 아이들이 다채로운 경험을 간접적으로 체험할 수 있도록 구성되어 있다. 행동, 마음, 생각, 호기심, 경험, 사회성으로 주제를 나눠 이야기를 풀어가는 생활동화 시리즈이다. 베드타임에 읽어주면 좋은 책이다.

단어를 연결하는 능력을 키워주는 그림책 시리즈

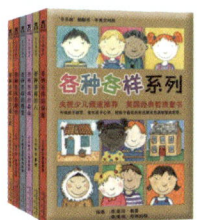

각종각양 시리즈(各种各样系列) 엠마 데이먼 글

펼쳐 보고 열어 보는 재미가 있는 입체 그림책. 신체, 건물, 교통수단, 감정 등 6가지 주제로 구성되어 있어 주제별로 다양한 어휘를 배울 수 있다. 중국어 나이 2세 단계에 보기 적당한 글밥(한 쪽에 2~3줄 정도)에 중국어, 영어 이중언어로 되어 있다.

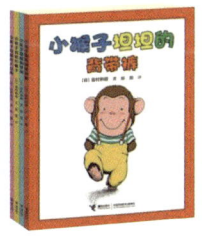

아기 원숭이 탄탄(小猴子坦坦) 이와무라 카즈오 글, 그림

평탄하다, 너그럽다는 뜻의 탄(坦) 자를 쓰는 아기 원숭이 '탄탄'의 이름처럼 읽는 이의 마음을 편안하게 만드는 그림책. 중국어 나이 2세부터는 중국어 나이 1세에 읽는 책보다 단어와 문장의 반복을 줄이고 어휘가 조금씩 다양해져야 하는데 이 책은 중국어 나이 1세와 2세 사이에 징검다리 역할을 해줄 수 있다.

페파피그(小猪佩奇)

사랑스러운 페파 가족의 재미있는 일상은 영어, 한국어뿐 아니라 다양한 시리즈의 중국어 책과 DVD로 만나볼 수 있다. 그중에서도 DVD가 함께 들어있는 책을 추천한다. DVD와 함께 책을 보면 내용 이해가 더욱 쉽고 단어, 문장도 반복적으로 학습할 수 있다. 또 페파 캐릭터 인형이 있으면 책에 더욱 애정을 가질 뿐 아니라 책 내용대로 역할극을 해볼 수 있으니 캐릭터 인형을 활용하는 것도 좋다.

바바파파(巴巴爸爸) 안네트 티종 글, 그림
자신의 모습을 자유자재로 변신하는 바바 가족의 상상력 넘치는
흥미로운 이야기. 바바파파 DVD와 함께 보면 스토리를 더 쉽게
이해할 수 있고 등장하는 어휘를 반복적으로 접할 수 있다. 아쉽게
도 책과 DVD를 세트로 판매하는 경우가 드물다. 책과 DVD를 따
로 구매하더라도 겹치는 에피소드가 많아 도움이 될 것이다.

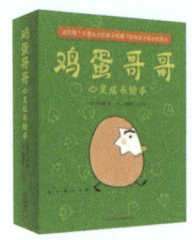

달걀 형(鸡蛋哥哥) 아키야마 다다시 글, 그림
껍질을 깨고 나오지 못한 달걀 형의 유쾌한 성장 이야기. 달걀껍
질 속에서 살겠다는 달걀 형과 "네가 좋으면 그러렴"이라고 말하
며 다른 병아리들과 비교하지 않고 있는 그대로를 인정해주는 멋
진 엄마. 씩씩한 달걀 형의 성장동화를 통해 재미있게 중국어를
읽을 수 있다.

말문이 빵 터지는 중국어 명작 동화
김노엘 · 멍양 글, 이영아 · 주세영 · 이정현 그림
명작 동화를 중국어로 쉽고 재미있게 읽을 수 있다. 세이펜으
로 원어민의 리딩을 들을 수도 있고 나나샘의 동화구연 영상을
볼 수 있어 중국어책을 보다 쉽게 읽을 수 있다. 독후활동이 가
능한 워크북과 해설집이 포함되어 있다.

재미와 감동이 있는 추천 단행본

『**낭비가 무서운 할머니**』(怕浪費婆婆) 진주 마리코 글, 그림
낭비를 절대 허락하지 않는 그림책 속 할머니는 우리 할머니의 모습과
같다. 생동감 있고 흥미로운 그림으로 절약에 관해 재미있게 읽을 수
있는 이 책은 실제 중국 유치원에서 절약을 주제로 할 때 선생님께서
구연동화 시간에 많이 들려준다고 한다.

『**구름빵**』(云朵面包) 백희나 글, 그림
책과 애니메이션으로 우리 아이들에게 이미 익숙한 구름빵 이야기. 구
름으로 만든 빵을 먹고 하늘을 나는 기발한 상상력과 따뜻한 가족애를
중국어로 만나보자.

『**옛날 옛날에 파리 한 마리를 꿀꺽 삼킨 할머니가 살았는데요**』
(有个老婆婆吞了一只苍蝇) 심스 태백 글, 그림
미국의 구전동요를 동화로 만든 영어책의 중국어 버전. 파리를 삼킨
할머니가 파리를 잡기 위해 거미를 먹고 거미를 잡기 위해 새를 먹는
등 황당하지만 코믹한 내용에 아이들이 숨죽이고 재미있게 보는 책. 곤충, 동물의 이름만 바뀌
고 반복되는 문장이라 어렵지 않다.

『**누가 내 머리에 똥쌌어?**』(是谁嗯嗯在我的头上)
베르너 홀츠바르트 글, 볼프 에를브루흐 그림
똥 이야기를 싫어하는 아이가 어디 있을까? 100만 부가 넘게 팔린
베스트셀러인 만큼 중국어로 봐도 재미있다. 책에는 큰 글씨와 작
은 글씨로 나눠져 있는 데 만약 조금 긴 글이 읽기 부담스러울 경우 큰 글씨만 읽어도 흐름이
자연스러우니 처음에는 큰 글씨의 문장만 읽다가 익숙해지면 괄호 안의 작은 글씨(똥의 모양
과 떨어지는 모습을 실감나게 묘사한 부분)를 읽어주자.

『아기지렁이 꼬물이의 일기』(蚯蚓的日记)

도린 크로닌 글, 해리 블리스 그림

출산 전, 중국 여행 당시 중국인 친구 추천으로 구입한 책이다. 칼데콧 아너상을 수상했으며, 현재도 아이들의 사랑을 꾸준히 받는 이 책은 벌레친구들의 특성과 생활을 재치 있게 그렸다는 호평을 받을 뿐 아니라 자연에 대해 한 번쯤 생각해볼 수 있게 한다. 일기 형식으로 되어 있어 날짜를 반복해 말해볼 수 있다. 다만, 내용이나 유머가 연령이 어린 아가들한테는 조금 어려울 수 있다. 내 경우 6세 이후 읽어주니 재미있어했다.

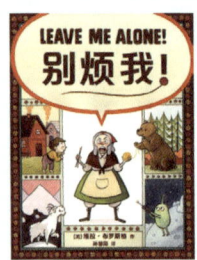

『성난 스프』(火龙生气汤) 베스티 에버릿 글, 그림

화난 아이에게 엄마는 꼬치꼬치 캐묻거나 가르치려 하지 않고 성난 스프를 함께 만들며 스스로 감정을 다스릴 수 있도록 돕는다. 아이도 무척 좋아했지만 내가 배워야겠다고 생각한 책. 한 쪽에 한두 줄 정도로 읽기 어렵지 않다.

『나를 귀찮게 하지 마』(别烦我) 베라 브로스골 글, 그림

2017 칼데콧 아너상을 받은 그림책으로 한글(『날 좀 그냥 내버려 둬』), 영어(『leave me alone』)로 만나볼 수 있어 더욱 특별한 책. 딱 보면 알 수 있는 쉽고 재미있는 그림과 막판 반전의 감동으로 글밥 길이에 비해 생각보다 수월하게 읽을 수 있는 책이다.

Chapter 4

중국어 나이 3세
자연스럽게 말하기

중국어 나이 2세에 간단한 단어를 연결하는 법을 배우면 띄엄띄엄이라도 몇 문장은 중국어로 말할 수 있게 될 것이다. 중국어 나이 3세는 일상생활에서 간단한 생활중국어를 익히는 단계다. 엄마들 중에 단어까지는 중국어를 못해도 알려줄 수 있지만 회화를 어떻게 가르쳐주나 걱정하는 경우가 있다. 중국어를 알면 당연히 더 좋겠지만 못해도 상관은 없다. 상황별로 매일같이 반복하는 문장만 외우는 정도의 노력이면 충분하다. "밥 먹자", "손 씻어", "옷 입자" 같이 매일 하는 말을 한 번 해보는 거다. 아이에게 원어민 발음을 들려주고 싶을 때는 DVD를 활용하면 좋다.

우리 집 차이니즈 존 만들기

아무리 중국어를 잘한다고 해도 생활중국어를 습관화하기는 쉽지 않았다. 아이에게 생활중국어를 써야겠다고 처음 마음먹었을 때 그동안 습관이 되지 않아서인지 급하면 한국어가 줄줄 나오기 일쑤였고 중국어로 말하기로 마음먹은 사실 자체를 까마득히 잊고 저녁시간을 보내다가 아이가 잠들 때가 돼서야 '아, 맞다! 중국어로 말했어야 하는데! 오늘도 못했네!' 하며 후회하곤 했다. 중국어를 몰라서가 아니라 습관이 안 되어 실행에 옮기지 못하는 바보 같은 나날이 계속되었다.

퇴근해 집에 돌아온 남편에게는 당연히 한국어로 말하게 되고 둘째가 돌 전이라 모국어로 말을 걸어주는 것도 중요하다는 생각에 한국어로 말하다 보니 정작 큰아이에게 중국어로 말을 걸어주는 시간은 아주 짧거나 없는 날도 많았다. 아침에는 등원 준비에 바쁘고 하원 후 저녁에는 먹이랴 씻기랴 바쁘고 지쳐서 마음의 여유가 없었다. 생활중국어를 하려고 마음은 먹었는데 하지 못하는 이유가 왜 이리 많은지 흐지부지되는 날의 연속이었다.

그러다가 이래서는 안 되겠다 싶어서 꼭 중국어를 써야 하는 상황과 공간을 정하기로 마음을 먹었다. 예를 들면 옷을 입고 벗거나 화장실에서 볼일을 보거나 밥을 먹거나 하는, 하루에도 몇 번씩 반복하는 행동은 꼭 중국어를 사용하기로 한 것이다. 옷장 옆에서 "바지 벗어", "양말 신어", "스스로 입어!" 등의 말을 하고 식탁에 앉아 밥을 먹을 땐 "밥 먹자", "맛있니?", "맵니?", "물 줄까?"와 같은 말을 꼭 중국어로 하는 것이다. 생활중국어를 실천한 이후로 하루에도 몇 번씩 똑같은 말을 몇 년째 반복하고 있는 내 모습에 어느 날 깜짝 놀랐다. 그러면서 '이렇게 똑같은 말을 수백 수천 수만 번 내뱉었을 텐데…… 한국어로 했더라면 후회했겠네' 하는 생각이 들었다.

중국어를 잘하는 엄마들은 물론이요, 서툰 엄마도 이렇게 매일 반복하는 말 정도는 몇 문장 외워서 사용해도 손해 볼 것이 없지 않을까? 나는 엄마가 꼭 중국어를 많이 배워서 아이를 이끌어줘야 한다고 생각하지는 않는다. 엄마가 중국어를 알면 당연히 더 좋겠지만 상황이 여의치 않거나 엄마 자신은 배울 마음이 없는데 꼭 배우라고 주장할 생각은 없다는 뜻이다. 그렇지만 매일같이 반복하는 문장만큼은 상황별로 몇 문장 외워두는 노력은 했으면 한다. '밥 먹어, 옷 입어, 손 씻어'는 엄마들이 매일같이 하는 말이다. 최소한 몇 년은 지겹도록 반복해야 할 것이다. 365일 하루에 한 번만 한다고 쳐도 5년이면 1,800번 이상이다. 한 번 외워서 최소 1,800번을 사용하는 셈인데 손해 볼 게 뭐 있는가?

가끔 블로그에 『말문이 빵 터지는 엄마표 생활중국어』를 본 엄마들이 잘 활용하고 있다는 소식을 전해오곤 한다. 한 번 다 보고 몇 번째 보고 있다며 아이와 일상생활에서 중국어를 사용하는 데 많은 도움이 된다고 이야기할 때마다 나는 엄마들에게 "저보다 훨씬 대단하세요!"라고 답변하면서 온 마음으로 박수와 응원을 보낸다.

사실 '생활중국어'는 중국어가 의사소통의 도구임을 직접 경험할 수 있는 가장 훌륭한 방법이다. 내가 원하는 바를 말로 전달하고 그에 따른 반응을 얻어내는 의사소통의 과정을 직접 경험하는 것보다 더 좋은 언어 습득 방법은 없다. 간단한 예를 들면 아이가 엄마에게 "엄마 목말라요, 물 주세요" 하고 말할 때 엄마가 "물? 그래 여기 있어" 하고 물을 건네는 반응이 일어날 때가 바로 살아있는 언어가 되는 순간이다.

아이들은 모국어를 처음 배울 때 다른 이유가 아니라 생존을 위해 언어를 배워나간다. 불안하면 '엄마'를 찾고 배가 고프면 '맘마'를 찾고 기저귀가 불편하면 울어서라도 자신이 원하는 바를 표현하고 얻어낸다. 언어를 배울 때 가장 중요한 것은 이처럼 일상생활에서 직접적이고 사회적인 상호작용이 이루어지는가이다. 중국어를 배울 때도 일방적인 전달이 아닌 상호작용 반응이 일어난다면 아이들이 더 적극적으로 배워나갈 수 있다.

중국어를 생활에서 사용하는 데는 여러 가지 방법이 있다. 아침에는 중국어만 사용하는 '중국어 타임'을 정해 생활중국어를 사용해볼 수 있다. 만약 중국어 외에 영어나 다른 외국어를 함께 엄마표로 진행하는 경우에는 시간별로 생활외국어를 실천하는 것도 좋은 방법이 될 수 있다. 아침에는 중국어, 저녁에는 영어를 하는 식으로 말이다.

그리고 공간별로도 중국어를 사용할 수 있다. 특정 장소 옆에 생활중국어 문장 리스트를 붙여놓고 그 공간에서는 되도록 그 표현을 사용하는 것이다. 책장 옆에는 "무슨 책 읽을래?" "재미있니?" "또 볼까?"와 같은 표현을 붙여놓으면 된다. 중국어 문장이 생각나지 않을 때 보고 말하면 되므로 중국어에 대한 부담도 줄어든다. 또 문장이 적힌 종이를 보고 중국어를 해야 한다는 사실 자체를 떠올릴 수 있어서 아이와 정신없이 시간을 보내는 엄마들에게 최고의 방법이다.

뒷 페이지의 '우리 집 차이니즈 존 초간단 문장'을 참조해 간단하지만 매일같이 내뱉는 생활중국어를 식탁이나 화장실 등 공간별로 붙여놓고 사용해보도록 하자.

우리 집 차이니즈 존 초간단 문장

#식탁에서

吃饭吧。
Chī fàn ba.
츨 판 바

밥 먹어.

快吃吧。
Kuài chī ba.
콰이 츨 바

어서 먹어.

慢慢吃。
Màn mānr chī.
만 말 츨

천천히 먹으렴.

好吃吗?
Hǎo chī ma?
하오 츨 마

맛있어?

喝水吗?
Hē shuǐ ma?
흐어 슈에이 마

물 마실래?

你想吃什么?
Nǐ xiǎng chī shénme?
니 시앙 츨 션머?

뭐 먹고 싶어?

辣吗?
Là ma?
라 마?

매워?

小心，太烫了。
Xiǎo xīn , tài tàng le.
시아오 신, 타이 탕 러

조심해, 엄청 뜨거워.

多吃点儿。
Duō chī diǎnr.
뚜어 츨 디알

많이 먹으렴.

最后一口。
Zuì hòu yì kǒu.
쭈이 호우 이 코우

마지막 한 숟가락이야.

饿不饿？
È bú è?
으어 부 으어

배고파 안 고파?

还想吃吗？
Hái xiǎng chī ma ?
하이 시앙 츨 마

더 먹을래?

够不够？
Gòu bu gòu ?
꼬우 부 꼬우

충분해 안 충분해?

吃完了吗？
Chī wán le ma ?
츨 완 러 마

다 먹었어?

吃饱了吗？
Chī bǎo le ma ?
츨 바오 러 마

배불러?

洗手吧。
Xǐ shǒu ba.
시 쇼우 바

손 씻자.

用肥皂洗一洗。
Yòng féizào xǐ yi xǐ.
용 페이짜오 시 이 시

비누로 씻자.

卷起袖子。
Juǎn qǐ xiùzi.
쥐엔 치 시우즈

소매 걷어.

闭上眼睛。
Bì shàng yǎnjing.
삐 샹 옌징

눈 감아.

刷牙吧。
Shuā yá ba.
슈아 야 바

양치하자.

挤点牙膏。
Jǐ diǎn yágāo.
지 디엔 야까오

치약 조금 짜.

张开嘴。
Zhāng kāi zuǐ
장 카이 쥬에이

입 벌리렴.

漱漱口。
Shù shu kǒu.
쓔 슈 코우

입 헹구렴.

吐出来。
Tù chūlai
투 츄라이

뱉어내.

要尿尿吗?
Yào niàoniào ma ?
오 니아오니아오 마

쉬할래?

要拉粑粑吗?
Yào lābābā ma ?
야오 라바바 마

응가할래?

冲水了吗?
Chōng shuǐ le ma ?
총 슈에이 러 마

물 내렸어?

擦擦屁股。
Cā ca pìgu.
차 차 피구

엉덩이 닦자.

开灯。／关灯。
Kāi dēng ／Guān dēng
카이 덩 ／ 관 덩

불 켜. ／ 불 꺼.

开门。／关门。
Kāi mén ／Guān mén
카이 먼 ／ 관 먼

문 열어. ／ 문 닫아.

#옷장 옆에서

穿裤子。
Chuān kùzi.
촨 쿠즈

바지 입자.

穿衣服吧。
Chuān yīfu ba.
촨   이푸 바

옷 입자.

脱衣服吧。
Tuō yīfu ba.
투어 이푸 바

옷 벗자.

换衣服吧。
Huàn yīfu ba.
환   이푸 바

옷 갈아입자.

你自己穿。
Nǐ zìjǐ chuān.
니 쯔지 촨

너 스스로 입으렴.

你能做到。
Nǐ néng zuòdào.
니 넝   쭈어따오

넌 할 수 있어.

哇，你做到了。
Wā, nǐ zuò dào le.
와, 니 쭈어 따오 러

와, 해냈구나.

需要帮忙吗？
Xūyào bāngmáng ma?
쉬야오 빵망   마?

도움이 필요해?

你想穿哪件？
Nǐ xiǎng chuān nǎ jiàn ?
니 시앙   촨   나 지엔

어느 걸 입고 싶어?

太大了。
Tài dà le.
타이 따 러

너무 커.

太小了。
Tài xiǎo le.
타이 시아오 러

너무 작아.

穿错了。
Chuān cuò le.
촨　　추어 러

잘못 입었단다.

扣上纽扣。
Kòu shàng niǔkòu.
코우 상　　니오우쿠

단추를 채우렴.

你真帅!
Nǐ zhēn shuài !
니 쩐　　슈아이

너 정말 멋있다!

你真漂亮!
Nǐ zhēn piāoliang !
니 쩐　　피아오량

너 정말 예쁘다!

#침대에서

起床!
Qǐ chuáng !
치 촹

일어나!

早上好。
Zǎoshang hǎo.
자오상　　하오

좋은 아침이야.

你睡得好吗?
Nǐ shuì de hǎo ma ?
니 슈이 더 하오 마

잘 잤어?

到了起床的时间。
Dào le qǐchuáng de shíjiān.
따오 러 치촹 더 슬지엔

일어날 시간이야.

该起床了。
Gāi qǐchuáng le.
까이 치촹 러

일어나야 해.

别在床上跳。
Bié zài chuáng shàng tiào.
비에 짜이 촹 상 티아오

침대에서 뛰지 말아라.

太晚了，睡觉吧。
Tài wǎn le，shuìjiào ba.
타이 완 러, 슈이지아오 바

너무 늦었어, 자렴.

躺下。
Tǎng xià
탕 시아

누워.

盖上被子。
Gài shàng bèizi.
까이 샹 뻬이즈

이불 덮어.

睡觉前要读书吗？
Shuìjiào qián yào dúshū ma？
슈이지아오 치엔 야오 두슈 마

자기 전에 책 볼래?

不要说话。
Bú yào shuō huà
부야오 슈어 화

말하면 안 돼.

晚安。
Wǎn'ān
완 안

잘 자.

做个好梦。
Zuò ge hǎo mèng.
쮜어 거 하오 멍

좋은 꿈 꿔.

거실에서

我们看电视吧。
Wǒmen kàn diànshì ba.
워먼 칸 띠엔슬 바

우리 TV 보자.

开电视吧。 / 关。
Kāi diànshì ba.   guān
카이 띠엔슬 바   꽌

TV 켜. / 꺼.

往后一点。
Wǎng hòu yìdiǎn.
왕   호우 이디엔

조금 뒤로 와.

遥控器在哪儿?
Yáokòngqì zài nǎr ?
야오콩치   짜이 날

리모컨 어디 있지?

你想看什么?
Nǐ xiǎng kàn shénme ?
니 시앙   칸   션머

너 뭐 보고 싶어?

这是最后一个了。
Zhè shì zuì hòu yí ge le.
쩌   슬 쭈이 호우 이 거 러

이게 마지막이다.

不要跑。
Bú yào pǎo.
부 야오 파오

뛰면 안 돼.

安静一下。
Ānjìng yíxià.
안징 이샤

조용히 해.

吃零食。
Chī língshí.
츨 링슬

간식 먹어.

坐好。
Zuò hǎo.
쭈어 하오

잘 앉아.

#책장, 장난감 정리함에서

我们看书吧。
Wǒmen kàn shū ba.
워먼 칸 슈 바

우리 책 보자.

你想看哪本书?
Nǐ xiǎng kàn nǎ běn shū ?
니 시앙 칸 나 번 슈?

어떤 책 보고 싶어?

我给你读个故事。
Wǒ gěi nǐ dú gùshi.
워 게이 니 두 꾸슬

내가 이야기를 읽어줄게.

再读一本。
Zài dú yì běn.
짜이 두 이 번

또 한 권 보자.

把书放在书架上。
Bǎ shū fàng zài shūjià shàng
바 슈 팡 짜이 슈지아 상

책을 책꽂이에 꽂으렴.

玩什么玩具好呢？
Wán shénme wánjù hǎo ne ?
완 션머 완쥐 하오 너

무슨 장난감을 갖고 놀까?

这个怎么样？
Zhè ge zěnmeyàng ?
쩌 거 젼머양

이거 어때?

真有意思。
Zhēn yǒu yìsi.
쪈 요우 이스

정말 재미있다.

没有意思吗？
Méi yǒu yìsi ma ?
메이 요우 이스 마

재미없어?

收拾玩具吧。
Shōushi wánjù ba.
쇼우슬 완쥐 바

장난감 정리하자.

#현관, 신발장 앞에서

你想出去吗？
Nǐ xiǎng chūqu ma ?
니 시앙 츄취 마

나가고 싶어?

我们出门吧。
Wǒmen chū mén ba
워먼 츄 믄 바

우리 나가자.

穿鞋子。/ 穿外衣。
Chuān xiézi.   Chuān wàitào
찬 시에즈 찬 와이타오

신발 신어. / 외투 입어.

现在不能出去。
Xiànzài bù néng chūqu.
시엔짜이 뿌 넝　츄취

지금은 나갈 수 없어.

这是谁的鞋子?
Zhè shì shéi de xiézi?
쩌　슬 세이 더 시에즈

이건 누구 신발이지?

把你的鞋子摆好。
Bǎ nǐ de xiézi bǎi hǎo.
바 니 더 시에즈 바이 하오

네 신발을 잘 정리하렴.

不是爸爸, 是快递大叔。
Búshì bàba, shì kuàidì dàshū.
부슬 빠바,　슬 콰이띠 따슈

아빠 아니야,
택배 아저씨야.

走吧。出发!
Zǒu ba。　chūfā!
죠우 바,　츄파

가자. 출발!

拉着我的手。
Lā zhe wǒ de shǒu.
라 져　워 더 쇼우

내 손을 잡으렴.

慢慢走。小心。
Mànmānr zǒu. xiǎo xīn.
만말　조우. 시아오 신

천천히 가. 조심해.

DVD 활용하기,
쉽고 즐거운 방법으로 실력이 쑥쑥

물리학에 임계량이라는 개념이 있다. 임계량은 핵분열 물질이 연쇄반응을 일으킬 수 있는 최소한의 질량을 뜻한다. 핵융합은 연소봉 7개가 투입되어야 비로소 반응이 일어나는데 4개, 5개, 6개까지는 반응이 전혀 없다가 7개가 되면 비로소 반응이 나타난다. 이 반응이 일어나기 위한 최소한의 양을 임계량이라고 한다. 이 개념은 외국어 학습에도 뚜렷이 적용되는데 특히 '말하기'와 '쓰기' 같은 아웃풋 영역에서 더욱 그렇다. 임계량을 다 채우기 전까지는 전혀 실력이 느는 것 같지 않고 발전이 없어 보여도 충분한 시간과 노력이 채워지면 단번에 껑충 뛴다.

전문가들 사이에서도 외국어를 능통하게 하기까지 걸리는 임계량이 1,000시간이라는 주장도 있고 3,000시간이라는 통계도 있다고 하지만 우리는 핵이 아닌 사람이기에 걸리는 시간은 사람마다 천차만별이다.

연령이 적은지 많은지, 언어에 타고난 재능이 있는지 없는지, 다른 외국어를 이미 능통하게 할 수 있는지 없는지 등 다양한 조건에 따라 저마다의 임계량은 다르겠지만 어쨌든 변하지 않는 사실은 자신의 임계량을 채워야 말이 트이고 그 후에 능통해지는 단계까지 올라갈 수 있다는 것이다.

그렇다면 중국이 아닌 한국에서 우리 아이의 임계량을 어떻게 충분히 채워줄 수 있을까? 쉬우면서도 즐거운 방법이 없을까? 나는 가장 좋은 방법 중 하나로 DVD 시청하기를 꼽는다. DVD 영상물은 굳이 아이를 중국에 데려다놓지 않아도 지금 중국 어딘가에 있는 것마냥 중국을 경험할 수 있게 해준다. 또 평소 접할 수 없는 다양한 상황에서 다양한 표현을 너무도 재미있게 습득할 수 있도록 돕는다. 엄마랑 집에서만 매일 듣고 사용하던 반복적인 표현에서 벗어나 더 다양한 상황에서 더 넓은 범위의 표현을 생생하게 전달해주는 것이다. 소파에 편안하게 앉아 중국에 가지 않고도 생생하고 다양한 표현을 배울 수 있다는 점, 어쩌면 중국에서 생활해도 접하기 쉽지 않은 다양한 상황과 표현을 내 집 안방에서 매일같이 접할 수 있다는 것은 굉장히 고마운 일이 아닐 수 없다.

중국어를 못하는 엄마에게는 다양하고 생생한 중국어 표현을 부담 없이 보여주는 최고의 방법이고, 나처럼 저녁만 되면 체력이 고갈되어 아이와 놀아주기 힘든 엄마에게는 엄마 대신 중국어로 말을 걸어주는 고마운 존재가 되어준다. 너무 어린 아기에게는 영상 시청이 그리 좋은 방법은 아니라지만 지혜롭게 활용하면 또 이만한 것이 없는 고마운 존재가 영상, DVD 시청이다.

영상물 시청이 효과적인 시간대

첫 번째 시간은 바로 '아침시간'이다. 이때는 느리고 정적이며 학습용으로 제작된 영상을 주로 본다. 느린 영상은 학습 효과가 뛰어나지만 아이들이 활발하게 움직이는 오후, 저녁시간에는 집중해서 시청하기가 어렵다.

때문에 학습용 영상은 비교적 차분하고 조용한 아침시간을 활용한다.

두 번째 시간은 아이들이 하원해 돌아온 '늦은 오후 혹은 저녁시간'이다. 이 시간은 사실 엄마가 가장 분주한 시간이기도 하다. 아이들은 심심하다며 놀아달라고 졸라대지만 엄마는 저녁 준비도 해야 하고 집 안 정리도 해야 한다. 게다가 아이들을 씻기고 책이라도 한 권 읽어주려면 엄마는 최대한 바삐 움직여야 한다.

그래서 나는 지혜롭게 시간을 배분하고 체력을 비축하기 위한 방법으로 영상의 힘을 빌린다. 아이들이 20~30분 남짓 DVD를 시청하는 동안 나는 손으로는 부엌일을 하면서 귀와 입은 아이들과 함께한다. 영상에서 기차노래가 나오면 나도 함께 기차노래를 부르고 장단을 맞추며 추임새도 넣는다. 거실에 어질러져 있는 물건들을 치우면서는 영상에 나오는 게 뭐냐며 질문도 하고 아이의 말에 적극 호응도 해준다. 20분의 시간이 끝날 때쯤이면 나는 집안일 중 급한 불은 대충 껐고 그만큼 아이와 함께 보낼 수 있는 시간이 확보된 상태다. 집안일의 급한 불을 끄는 20분이 나의 두 번째 영상물 활용 시간이다. 이때 보는 영상은 주로 〈호비〉 3, 4세용이나 〈페파피그〉, 〈옥토넛〉, 〈슈퍼윙스〉 등 아이가 좋아하는 DVD였다. 이 시간만큼은 아이가 좋아하는 영상물로 중국어를 더욱 재미있게 접할 수 있게 했다.

마지막으로 나는 아주 가끔 잠자리에서 영상을 보여줄 때가 있다. 잠자리에서는 주로 책을 읽어주지만 동생을 먼저 재워야 할 때나 내가 목이 아파 책을 읽어줄 수 없을 때는(강사인지라 목이 자주 상한다) 주로 〈페넬로페)를 틀어주었다. 〈페넬로페〉는 유화 느낌의 그림으로 굉장히 따뜻하고 사랑스럽다. 이야기 구성도 3~6세 아이들의 생활과 굉장히 밀접하고 중국어도 느린 속도에 비교적 쉬운 문장으로 이루어져 있다. 잠자리에서는 화려하고 빠른 영상물보다는 잔잔한 영상을 봐야 한다. 〈페넬로페〉는 잔잔하면서

〈옥토넛〉이나 〈슈퍼윙스〉 같은 아이가 좋아하는 영상물로 중국어를 더 쉽게 접할 수 있다.

도 보고 나면 기분 좋은 꿈을 꿀 것 같은 느낌이 들어서 만약 이 시간에 영상물을 보여줘야 하는 일이 생기면 〈페넬로페〉를 꺼냈다.

물론 매일 세 번씩 DVD를 보여주진 않는다. 하루 한 번 혹은 두 번 중국어 DVD를 보여주지만 시간대에 따라 보여주는 DVD의 종류와 목적을 달리하는 것이다.

영상물 시청 방법

영상물을 보여줄 때 그냥 틀어주기만 하면 엄마의 역할이 끝나는 게 아니다. 영상이 시작될 때 자리를 뜨지 말고 적어도 3분 이상은 함께 앉아서 시청하도록 하자. 최소한 영상물에 아이를 맡기는 느낌은 주지 말자는 것이다.

영상을 시청하는 중에는 되도록 엄마가 소리를 따라 하는 모습을 보이

면 좋다. 영상물은 상호작용이 일어나지 않고 일방적으로 말을 전달한다. 일방적으로 전달만 받는 영상물 시청 시간을 매일 오래 지속하면 좋을 리 없다. 학습 효과를 높이면서도 일방적 듣기를 피하는 방법으로 대사를 따라 해보자. 엄마가 먼저 시작해야 아이도 따라 한다. 들리는 대로 따라 하는 습관을 들이면 자연스럽게 정확히 들으려 노력하게 되고 말하기에도 큰 도움이 된다.

영상 시청 후에는 아이와 내용을 잠깐 상기해보거나 장면을 떠올려 대사를 말해보는 것도 좋다. 아이에게 무슨 내용이었냐고 대뜸 물으면 아이는 무척 당황해한다. 줄거리를 술술 말하거나 대사가 팍팍 나오면 좋으련만 아이가 어릴수록 쉽지 않은 일이다. 그렇다면 이렇게 해보자. 영상을 보는 동안 엄마가 아이가 좋아하는 장면을 휴대전화로 사진을 찍거나 캡처해뒀다가 시청이 끝나면 그 사진을 보며 이야기를 나눠보는 것이다. 한국어도 괜찮다. 한국어로 이야기하는 동안에도 아이의 머릿속에서는 내용이 정리가 되고 중국어 대사가 다시 정돈된다.

마지막으로 영상을 보고 나서 화면을 끈 채 영상의 소리만 듣게 해주는 것도 도움이 된다. 매번 영상을 틀어놓는 것보다 가끔은 소리만 듣게 해서 장면을 상상하고 정리하게 하는 시간을 갖도록 한다.

처음부터 술술 나오는 아이는 없다. 임계량이 채워져야 반응이 나타난다. DVD도 단어, 책, 놀이 등 엄마표 중국어를 진행하는 많은 방법 중 한 가지다. 그것도 가장 쉽고 즐거운 방법!

영상물을 볼 때 주의할 점

영상물은 아이들이 소리에 전혀 집중하지 않아도 화면이 재미있으면 집중해서 보기 때문에 아이가 시선을 화면에 계속 두고 있다고 해서 '중국어 DVD를 잘 보는구나'라고 생각하면 곤란하다. 아이 수준에 전혀 맞지 않는 어려운 영상물은 투자한 시간에 비해 인풋되는 양이 턱없이 적다. 적어도 중국어를 약간은 알아들을 수 있을 때 애니메이션 같은 영상물을 보여줘야 한다.

처음부터 아이들이 좋아하는 캐릭터 애니메이션이나 디즈니 애니메이션을 보여줄 수는 없다. 먼저 살짝 느린 말투의 <페넬로페>나 문장이 비교적 간단한 <뽀로로>, 중국 아이들을 위한 <호비> 1~2세용을 거친 후에 아이들에게 익숙한 캐릭터 영상물 <호비> 3~4세용, <페파피그>, <바바파파>, <폴리>, <옥토넛>, <슈퍼윙스> 등을 보도록 한다.

중국 아이들에게 오래 사랑받아온 중국 애니메이션 <귀 큰 투투>, <시양양>의 경우 중국식 생생한 표현을 재미있게 익힐 수는 있으나 말이 빠른 편이며 교육적인 내용보다는 유머, 재미 위주이기 때문에 개인적으로 7세 이상의 중국어 듣기 실력이 쌓인 아이들에게 추천한다. 쉬운 영상을 충분히 접했고 1시간이 넘는 긴 애니메이션을 볼 만한 연령이라면 디즈니 애니메이션처럼 상영 시간이 길고 화려한 영상물을 재미있게 시청하길 권한다.

영상물을 볼 때는 <호비>나 <페파피그> 같은 아이들에게 익숙한 캐릭터 영상을 보여주면 좋다.

매일 10분 중국어로 놀자

나는 성격이 무뚝뚝한 편이라 결혼 전까지만 해도 어린아이들과 함께 있게 되면 어떻게 놀아줘야 할지 몰라 무척 당황스러웠었다. 그러다 보니 성인 중국어 강의는 참 편한데 유아들과 함께하는 수업은 나에게 늘 부담이고 도전이었다.

내 아이가 생기고 나서 조금 나아지기는 했지만 도대체 아들과는 어떻게 놀아줘야 하는 건지 모르겠고 장난감 칼을 휘두르며 칼싸움을 걸어오는 아들녀석에게 "엄마한테 안 하면 안 돼? 엄마 말고 저기 벽에다 해!"라고 말하는 빵점 엄마였다. 아이들은 매일같이 놀자고 하지만 나는 저녁만 되면 피곤하고 힘들어서 놀아주려면 큰맘을 먹어야 했다.

그러던 어느 날 아이 아빠가 일주일 넘게 출장을 가게 되면서 아이들과 나만 보내는 날이 이어졌다. 기왕 '독박육아'를 하게 된 거 즐기며 해보자 싶어서 청소도 평소보다 열심히 하고 아이들 음식도 정성들여 챙겼다. 그리고 둘째 아이를 재우고 큰아이와 블록놀이도 하고 칼싸움도 하면서 살짝 중국어로 놀아줬는데 아이가 너무나 좋아했다. 그날부터 아이는 매일같이 "엄마, 동생 자면 나랑 또 놀아주세요!"라며 어찌나 애교 섞인 말과 표정을 하는지 안 놀아줄 수가 없었다. 사실 나는 워킹맘인데다가 저녁만 되면 뻗어버리는 저질 체력을 갖고 있기 때문에 아이들과 마음껏 놀아주고 싶은 마음을 실행에 옮기기가 어려웠다. 자연스럽게 놀아주기가 잘 되지 않아서 오늘의 할 일 리스트에 '중국어로 매일 10분 놀아주기'를 적어놓고 반강제적으로 실천에 옮겼을 만큼 놀아주는 데 꽝인 엄마였다.

기왕 노는 거 중국어를 활용하면 더 좋겠다 싶어 중국어로 놀아주었다. 아이들은 엄마가 놀아주는 것만으로도 기뻐했고, 나는 아이가 중국어를 한 번이라도 더 접할 수 있으니 꽤 보람 있다는 생각이 들어 매일 실천에 옮길 수 있었다.

두 아이가 공통적으로 좋아하는 놀이는 주방놀이였다. 주방놀이를 하면서 중국어로 과일 이름, 음식 이름이 자연스럽게 나오고 '이거 주세요, 저거 주세요, 맛있어요, 맛없어요, 매워요' 등의 문장이 놀이를 통해 수십 번 오갔다.

아이와 중국어로 놀아준다고 하면 많은 문장을 말할 수 있어야 하고 자유롭게 말할 수 있는(프리토킹) 실력이 되어야 한다고 생각하겠지만 실제로 아주 다양한 어휘가 필요하지는 않다. 주방놀이는 음식과 관련된 단어, 미술놀이는 색깔이나 아이들이 주로 그리는 것들의 명칭을 알고 있으면 된다. 앞서 중국어 나이 0세에서 2세까지 활용한 단어, 패턴책, 그림책, DVD 등을 통해 익힌 어휘 정도면 충분히 재미있게 놀아줄 수 있다고 했다. 이제는 그동안 익힌 단어를 실제 상황에서 사용해보는 기회를 갖는다고 생각하면 된다. "사과 주세요"를 직접 말하며 아이와 소통하는 사이에 듣기, 말하기 활동이 너무나 자연스럽게 이루어진다.

아이와 노는 시간 동안 100퍼센트 중국어로 말하지 않아도 된다. 주방

놀이에서는 음식 이름과 맛 표현에 관한 것만 중국어로 말하는 식으로 해도 충분하다. 처음 시작이 어렵지 한두 번 하고 나면 표현이 항상 똑같아 입에 제법 붙는다.

아이와 병원놀이를 할 때를 생각해보라. 보통 엄마는 환자가 되어 아이 앞에 눕고 아이는 의사가 되어 장난감 청진기로 진찰을 한다. 엄마는 "배가 아파요" 혹은 "머리가 아파요"라고 말하고 아이는 진찰하는 척하다가 엄마에게 주사를 놓거나 약을 준다. 여기서 신체부위와 아프다는 표현, 주사, 약 정도의 어휘만 알아도 충분한 중국히 놀이를 할 수 있다.

같은 놀이에서는 항상 비슷한 문장을 사용하기 때문에 두어 번 놀고 나면 사용할 문장이 거의 다 나온다. 눈 딱 감고 두 번만 도전해보면 좋겠다. 내 경험상 책, DVD, 동요 그 무엇보다 '중국어 놀이'가 아이들이 가장 환영하는 방식이다. 어려울 것 같아서, 귀찮아서 시도도 안 하기에는 효과가 좋아 너무나 아까운 방법이다.

아이와 놀이에서 사용할 수 있는 추천 문장

#주방놀이에 필요한 초간단 문장

你想吃什么?
Nǐ xiǎng chī shénme?
니 시앙 츨 션머

뭐 먹을래?

你做什么菜?
Nǐ zuò shénme cài?
니 쭈어 션머   차이

무슨 요리해?

切一切。
Qiē yi qiē.
치에 이 치에

썰어봐요.

拌一拌。
Bàn yi bàn.
빤 이 빤

섞어봐요.

做好了吗?
Zuò hǎo le ma?
쭈어 하오 러 마

다 했어?

做好了。
Zuò hǎo le.
쭈어 하오 러

다 됐다.

给我苹果。
Gěi wǒ píngguǒ.
게이 워 핑구어

사과 주세요.

谢谢！
Xièxie!
씨에씨에

고맙습니다!

小心，很烫！
Xiǎo xīn， hěn tàng!
시아오신, 헌 탕

조심해, 뜨거워!

好香啊。
Hǎo xiāng a.
하오 시앙 아

맛있는 냄새가 난다.

很好吃！
Hěn hǎo chī!
헌 하오 츨

매우 맛있다!

不好吃！
Bù hǎo chī!
뿌 하오 츨

맛없다!

太辣了！
Tài là le!
타이 라 러

너무 매워!

太咸了！
Tài xián le!
타이 시엔 러

너무 짜!

#병원놀이에 필요한 초간단 문장

你哪儿不舒服？
Nǐ nǎr bù shūfu?
니 날 뿌 슈푸

어디가 불편한가요?

肚子疼。
Dùzi téng.
뚜즈 텅

배가 아파요.

头很疼。
Tóu hěn téng.
토우 헌 텅

머리가 매우 아파요.

疼不疼?
Téng bu téng?
텅 뿌 텅

아파요? 안 아파요?

不疼。
Bù téng.
뿌 텅

안 아파요.

没有发烧。
Méiyǒu fāshāo.
메이요우 파샤오

열 없어요.

张开嘴。
Zhāng kāi zuǐ.
짱 카이 쥬에이

입을 벌리세요.

睁开眼睛。
Zhēng kāi yǎnjing.
쩡 카이 옌징

눈을 뜨세요.

闭上眼睛。
Bì shàng yǎnjing.
삥 샹 옌징

눈을 감으세요.

打针。
Dǎ zhēn.
다 전

주사 놓아요.

让我听你的心跳。
Ràng wǒ tīng nǐ de xīn tiào.
랑 워 팅 니 더 신 티아오

심장소리를 들어볼게요.

让我看看你的耳朵。
Ràng wǒ kàn kan nǐ de ěrduo.
랑 워 칸 칸 니 더 얼두어

귀를 좀 볼게요.

吃药吧。
Chī yào ba.
츨 야오 바

약 드세요.

好多了。
Hǎo duō le.
하오 두어 러

많이 좋아졌어요.

#퍼즐놀이에 필요한 초간단 문장

你想拼图吗?
Nǐ xiǎng pīntú ma?
니 시앙 핀투 마

퍼즐 맞추기 할래?

你想玩儿哪个?
Nǐ xiǎng wánr nǎ ge?
니 시앙 왈 나 거

어느 것을 하고 싶어?

这个太简单了!
Zhè ge tài jiǎndān le!
쪄 거 타이 지엔단 러

이건 너무 간단해!

这个太难了!
Zhè ge tài nán le!
쪄 거 타이 난 러

이건 너무 어려워!

开始!
Kāishǐ!
카이슬

시작!

需要帮忙吗?
Xūyào bāngmáng ma?
쉬야오 빵망　　마

도움이 필요해?

你自己试试。
Nǐ zìjǐ shìshi.
니 쯔지 슬슬

너 스스로 해봐.

试试这个。
Shìshi zhè ge.
슬슬　쩌 거

이거 한번 해봐.

对!
Duì!
뚜에이

맞아!

不对!
Bú duì!
부 뚜에이

아니네!

慢慢来吧。
mànmānr lái ba.
만말　　라이 바

천천히 해보자.

只剩下一块拼图了。
Zhǐ shèngxià yí kuài pīntú le.
즐 셩시아　이 콰이 핀투 러

딱 한 개 남았다.

拼好了。
Pīn hǎo le.
핀 하오 러

다 맞췄다.

太棒了!
Tài bàng le!
타이 빵 러

너무 대단한걸!

#숨바꼭질에 필요한 초간단 문장

我们玩捉迷藏吧。
Wǒmen wán zhuōmícáng ba.
워먼 완 주어미창 바

우리 숨바꼭질하자.

我是捉家。
Wǒ shì zhuōjiā.
워 슬 주어지아

나는 술래야.

我来捉家。
Wǒ lái zhuōjiā.
워 라이 주어지아

내가 술래할게.

闭上眼睛。
Bì shàng yǎnjing.
삐 샹 옌징

눈 감아.

从一数到十吧。
Cóng yī shǔdào shí ba.
총 이 슈따오 슬 바

1부터 10까지 세어봐.

你在哪儿?
Nǐ zài nǎr?
니 짜이 날

너 어디에 있어?

我在这儿!
Wǒ zài zhèr!
워 짜이 쩔

나 여기 있지!

找到了!
Zhǎo dào le!
쟈오 따오 러

찾았다!

你想画什么?
Nǐ xiǎng huà shénme?
니 시앙 화 션머

무엇을 그리고 싶어?

你在画什么?
Nǐ zài huà shénme?
니 짜이 화 션머

무엇을 그리고 있어?

我来剪一下。
Wǒ lái jiǎn yíxià.
워 라이 지엔 이샤

내가 자를게.

这是什么颜色?
Zhè shì shénme yánsè?
쪄 슬 션머 옌써

이건 무슨 색이야?

你要什么颜色?
Nǐ yào shénme yánsè?
니 야오 션머 옌써

무슨 색을 원해?

涂颜色吧。
Tú yánsè ba.
투 옌써 바

색칠하자.

盖上笔帽。
Gài shàng bǐmào.
까이 샹 비마오

뚜껑을 달아.

哇，真漂亮。
Wā, zhēn piàoliang.
와, 쩐 피아오량

와, 정말 예쁘다.

你画得真棒!
Nǐ huà de zhēn bàng!
니 화 더 쩐 빵

정말 잘 그렸어.

#블록놀이에 필요한 초간단 문장

我们搭积木吧。
Wǒmen dā jīmù ba.
워먼 다 지무 바

우리 블록 쌓자.

我们玩积木吧。
Wǒmen wán jīmù ba.
워먼 완 지무 바

우리 블록놀이하자.

一次放一个。
Yí cì fàng yí ge.
이 츠 팡 이 거

한 번에 한 개씩.

太高了!
Tài gāo le!
타이 까오 러

너무 높아!(굉장히 높다!)

别弄倒了。
Bié nòng dǎo le.
비에 농 다오 러

쓰러뜨리지 마.

倒了!
Dǎo le!
다오 러

쓰러졌다!

给我黄色积木。
Gěi wǒ huángsè jīmù.
게이 워 황써　　지무

노란색 블록 좀 줘.

这是什么?
Zhè shì shénme?
쩌　슬　션머

이건 뭐야?

妈妈做了小汽车。
Māma zuò le xiǎo qìchē.
마마　쭈어 러 시아오 치쳐

엄마는 차를 만들었어.

可以推倒吗?
Kěyǐ tuīdǎo ma?
커이 투이다오 마

부숴도 돼?

妈妈可以分开吗?
Māma kěyǐ fēnkāi ma?
마마　커이 쁜카이 마

엄마가 분리해도 돼?

我们一起整理吧。
Wǒmen yìqǐ zhěnglǐ ba.
워먼　　이치 정리　바

우리 함께 정리하자.

Chapter 5

중국어 나이 4세
한자 읽기 시작하기

엄마표 중국어로 아이가 듣기와 말하기까지 마쳤다면 이제 중국어 나이 4세에는 읽기를 시작해야 한다. 중국어를 읽는다는 것은 곧 한자를 읽는다는 뜻이다. 내 아이에게 한자를 가르친다는 게 막막하게 느껴질 수도 있다. 영어는 알파벳 26자만 익히게 하면 되는데 한자는 대체 몇 글자를 가르쳐야 하는 건지 몰라 더욱 접근하기 어렵다고 생각하기 쉽다. 한자를 하나하나 외운다고 생각하면 엄청나 보이지만 꼭 그렇지만도 않고 그 과정에서 체계를 파악하면 훨씬 쉽고 재미있어진다. 그럼 지금부터 한자 읽기를 시작해보자.

한자 읽기 언제부터 시작할까

나는 공부하라고 잔소리를 하지 않는 부모님을 둔 덕에 학업에 대한 스트레스를 받지 않고 자유분방하게 학창시절을 보냈다. 중국어를 전공했기 때문에 사람들은 내가 당연히 한자를 좋아하고 잘하려니 하지만 사실 나도 한자라면 고개부터 젓는 때가 있었다.

중학교 2학년 때인가 한자 수업이 있었던 것으로 기억한다. 무슨 의미인지도 제대로 모르는 지사자, 상형자, 회의자 등을 왜 외워야 하는 건지 왜 옛 고시를 암송해야 하는 건지, 한자는 그야말로 따분하기 그지없는 과목이라고 여기며 통 재미를 느끼지 못했다. 모든 과목을 통틀어 가장 재미없는 수업이었다.

그러다가 고2 때 한자 선생님을 만나면서부터 이야기가 달라졌다. 나는 이과생이었기 때문에 겨우 주 1회 한자 수업이 있었는데 그 시간이 얼마나 기다려졌는지 모른다.

예부터 전해 내려오면서 바뀐 한자의 모양을 칠판에 분필로 하나하나 그려가며 한자를 풀어주시는 선생님이 마치 이야기할머니처럼 느껴졌다. 심장의 모양을 본떠 만들었다는 마음 심(心) 자를 갑골부터 현재 한자까지 일일이 모양을 그려주셨던 기억이 아직도 난다. 신체와 관련된 한자부터 대자연에 이르는 수많은 한자를 하나하나 설명해주니 머리에 쏙쏙 들어왔다. 또 한자가 생겨난 어원을 말씀해주실 때는 마치 옛날이야기를 듣는 것처럼 흥미진진해서 수업이 끝나는 게 아쉬울 정도였다.

　막무가내로 외우라던 중학교 때 한자 수업과 달리 고등학교 한자 수업에서 만난 선생님의 수업 방식은 조금도 지루하거나 따분하지 않았고 무척이나 흥미로웠다. 그 후로 나는 중간고사와 기말고사에서 한자만큼은 100점을 받고 싶다는 생각에 수학을 공부해야 할 시간에 한자책을 붙잡고 있기도 했다. 물론 이 1년간 수업을 듣고 한자박사가 되겠다거나 한자 급수자격증을 따려거나 했던 것은 아니다. 다만 한자가 그리 어려운 것만은 아니며 굉장히 재미있고 매력적인 문자임을 확실히 알게 되었다.

　사람들은 보통 한자를 시작하기도 전부터 '어렵다'고 생각한다. 한자를 읽고 쓰는 것이 얼마나 매력적인 일인지 몰라서 하는 이야기다. 또 한자는 그 수가 너무 많아서 외우기 어려울 것이라고 단정 짓는다. 물론 알파벳과 자음, 모음만 알면 되는 한글, 영어와 달리 글자 하나하나 모습이 다른 중국어 한자를 읽고 쓰는 일은 당연히 더 수고스럽다. 그러나 한자에는 한 글자 한 글자에 담긴 이야기와 그림이 있다. 또 체계적인 원리도 들어 있어 이미 알고 있는 한자를 통해 다음 한자를 더욱 쉽게 알 수 있다. 한자를 알면 알수록 그 다음 한자는 더 쉽고 간단하게 습득해나갈 수 있다는 뜻이다.

　한자는 부수만 파악해도 절반 정도의 의미 추측이 가능하다. '肉'이라는 한자가 무슨 뜻인지는 한자를 조금이라도 배워본 사람이라면 알 것이다. 바로 '고기 육' 자다. 본래 고기 육(肉) 자는 잘라놓은 고기에 힘줄이 있는 모습을 본뜬 글자다.

그런데 이 한자는 글자의 왼쪽에 사용될 때 모양의 변형이 일어나 달 월(月) 자와 똑같은 모양으로 쓰기도 한다. '고기 육 변'이라고 하는 데 시간, 세월을 의미하는 달 월(月)과 달리 고기 육(月)변은 주로 한자의 왼쪽이나 아래쪽에 사용되어 신체 내부의 내장이나 신체부위와 관련된 글자에 많이 쓰인다. 예를 들면 뇌(腦), 폐(肺), 간(肝), 장(腸), 눈(眼), 가슴(胸), 위(胃), 뼈(骨) 등 신체와 관련된 많은 글자의 왼쪽에서 고기 육 변의 月을 볼 수 있다. 그러니 이 고기 육 변이 들어가면 '신체와 관련된 한자구나!' 하고 뜻을 추측할 수 있다.

그런데 왜 고기 육(肉) 자가 달 월(月)과 같은 모양이 되어 쓰이는 걸까? 한호림 선생님의 『한자의 정석』을 보면 우주의 섭리 속에 지구에서 태어난 인간은 지구 환경에 가장 적합하게, 그리고 가장 가까운 천체인 달과 절대적으로 연관되어 있다고 했다. 그래서 여성은 매달 월경(月經)을 하고 그런 생리과정을 거쳐 수태(受胎)하고 출산(出産)을 한다. 그래서 한자를 만든 선인들은 육체와 관련된 글자에 부수 月을 붙이고 그것을 '고기 육(肉) 변'이라고 했다.

숨겨진 내용을 알고 나면 정말 재미있지 않은가? 한자는 알면 알수록 흥미롭고 재미있다. 한자가 만들어진 과정이나 왜 그런 의미를 갖게 되었는지 알게 되면 더 오랫동안 기억할 수 있다.

영어로 돼지는 pig, 양은 sheep, 소는 cattle, 토끼는 rabbit이다. 그리고 돼지고기는 pork, 양고기는 lamb, 소고기는 beef, 토끼고기는 lapin이다. 동물의 이름과 그 고기의 이름이 전혀 달라 하나하나 외워야 한다. 하지만 중국어는 그렇지 않다. 猪(돼지 저), 羊(양 양), 牛(소 우), 兎(토끼 토) 등의 한자 뒤에 고기를 의미하는 肉 자만 붙이면 고기 이름이 된다. 猪肉(돼지고기), 羊肉(양고기), 牛肉(소고기), 兎肉(토끼고기) 식으로 말이다.

한자를 하나하나 외운다고 생각하면 엄청나 보이지만 꼭 그렇지만도 않고 그 과정에서 체계를 파악하면 훨씬 쉽고 재미있어진다. 외국인이 중국어를 배우려면 기본적인 한자 1,800자를 알아야 하고 이 정도 알면 글의 90퍼센트 이상을 이해할 수 있다고 한다. 중국어의 한자는 8만 7,000자 정도이지만 자주 사용하는 상용한자는 3,000자 정도이기 때문이다. 그 3,000자마저도 다 제각각이 아니라 이미 알고 있는 한자나 부수를 통해 의미와 소리를 추측할 수 있다. 하나를 알면 열을 깨칠 수 있는 것이 한자다. 매력적이지 않을 수 없다.

한자는 얼핏 어렵고 지루하게 보일 수 있지만 실제로 공부하면 할수록 점점 재미있어진다.

"중국어 한자는 언제 시작해요?"라는 질문에 "몇 살 몇 개월에 어느 수준부터 시작하세요"라고 딱 부러지게 답해주면 속 시원하련만 아이들은 각자 너무나 달라서 절대 그럴 수가 없다.

그러나 중요한 세 가지를 고려해 시기를 정할 수는 있다. 첫째, 연령이 이미 8세가 넘은 경우다. 8세 이후는 한자를 쓸 수 있는 충분한 운필력이 있고 학교에서 앉아 학습하는 연습을 이미 했기 때문에 몇 개의 한자를 쓰고 읽는 것부터 가볍게 시작해볼 수 있다.

둘째, 아이가 원래 문자를 좋아하는 경우다. 이런 아이는 한자 학습을

한자카드로 한자를 익히는 아이.

군이 뒤로 미룰 필요 없이 당장 시작해보는 것도 좋겠다. 문자를 좋아하고 잘 외우는 아이의 경우 모든 활동에 문자를 넣으면 더 잘하는 경우가 많다. 단어카드를 외울 때도 음과 의미만 기억할 게 아니라 한자도 함께 익히도록 하면 한 번에 네 영역을 고르게 발달시킬 수 있다.

셋째, 듣기와 말하기 실력이 이미 어느 정도 자리 잡은 아이의 경우다. 듣기와 말하기는 기초회화 실력을 넘어섰는데 읽기를 전혀 못한다면 나중에 읽기, 쓰기를 익히기 위해 상당 기간 자신에게 맞지 않는 입문 수준의 책을 다시 봐야 하는 일이 생긴다. 흥미롭고 수준 있는 동화책을 읽어야 할 시기인 아이가 이미 알고 있는 단어의 한자를 익히기 위해 단어공부부터 다시 해야 하는 것이다. 당연히 재미있을 리가 없다. 자기 수준보다 훨씬 낮은 수준의 것을 또 시간 내서 반복해야 하니 말이다. 만약 듣기와 말하기가 많이 진행되었고 한자를 조금씩 시작해도 거부감이 없다면 듣기와 말하기 수준을 따라잡기 위해 한자를 서서히 시작해봐도 좋다.

그러나 무엇보다 가장 중요한 것은 내 아이가 한자를 받아들일 수 있는가 없는가이다. 우리 큰아이의 경우 48개월이 지나고 나서 서서히 한 자를 보여주기 시작했다. 문자에 큰 관심을 보이지 않는 편이었기에 한 자를 본격적으로 익히게 하기 위해서가 아니라 그냥 반응을 보고 싶어서 였다. 거부감을 내비치면 다시 집어넣을 생각으로 한자카드 6장을 꺼내 들었다. 욕심부리지 않고 한자카드를 기억하는 활동을 매일 1~2분 정도 했다. 언제까지 외워야 한다는 식의 부담은 일체 갖지 않고 외우면 외우 는 대로 못 외우면 못 외우는 대로 넘어갔다. 상용한자는 단어카드가 아 니라도 앞으로 그림책이나 중국어 교재를 통해 수없이 볼 한자들이었기 때문이다.

또 40개월까지는 운필력이 부족하다는 소리를 어린이집 선생님께 여러 번 들었기 때문에 한자카드를 익힐 때도 쓰기에 대해서는 욕심을 버리고 나중으로 미뤘다. 그리고 숫자나 한글 쓰기, 색칠하기 등의 활동을 통해 운필력이 많이 좋아진 후에도 아이가 스스로 써보고 싶어하지 않아 시키 지 않았다.

한자와 친해지게 만드는
한자카드

아이는 한 달 만에 100개에 달하는 한자카드를 외웠다. 아이가 거부하지는 않을까 걱정도 되었고 적절한 시기인지 한번 확인해보자는 마음에 시작했지만 일단 하고 나니 생각과 달리 꽤 괜찮았다. 그래서 천천히 조금씩이라도 지속적으로 계속 진행할 수 있었다.

듣기, 말하기, 읽기, 쓰기의 균형을 맞추는 것은 중요하다. 그리고 아이들은 우리 생각보다 한자를 더 잘한다. 아이가 듣고 말할 수 있는데 읽고 쓰지 못하는 문맹을 만들어서는 안 될 일이다. 그럼에도 불구하고 아이의 의견을 무시한 채 무조건 밀어붙여서는 안 되는 게 또 한자다. 자칫 한자에 영영 흥미를 잃을 수도 있다. 급하면 체하기 마련이니 서서히 조금씩 시작해야 한다. 아이가 아직 준비되지 않았다면 기다려야 하고 때로는 당장은 포기하고 좀 더 시간을 가져야 할 수도 있다.

한자 학습을 시작하는 시기는 전적으로 아이에게 달렸다. 아이를 잘 관찰하여 시기를 결정하도록 하자.

한자가 어려울 것이라는 엄마들의 착각

중국어는 표음문자가 아니라 표의문자다. 표음문자는 말소리를 그대로 기호로 만든 글자이기 때문에 소리기호로 의미를 알 수 있다. 그러나 표의 문자는 뜻을 나타내는 글자모양과 말소리 사이에 전혀 관계가 없다.

예를 들어 大라는 한자를 보면 '크다'는 의미를 배워 뜻을 알 수 있으나 중국어로 어떻게 읽는지 알 수가 없다. 한자만 보고는 그 글자의 소리를 알 수가 없는 것이다. 따라서 중국어에서 글을 읽고 쓰려면 글자모양과 의 미와 소리, 즉 형음의(形音意) 세 가지를 기억해야 한다. 그래서 많은 사람 들이 시작도 하기 전부터 '한자는 어렵다'는 선입견을 깔고 가는데 이는 정말로 큰 오해다. 앞에서 말했듯 중국어 한자는 알고 보면 굉장히 매력 있는 문자이기 때문이다.

특히 어린아이들에게는 더욱 그렇다. 아이들은 한자를 복잡하게 생긴 글자가 아니라 하나의 이미지로 받아들여서 몇 번 본 한자의 특징을 정확 히 구분해 외울 줄 안다(형, 形). 또한 노래를 좋아해서 마치 노래와 같은 중국어 발음을 무척 좋아한다(음, 音). 이야기도 좋아하기 때문에 한자모 양에 얽힌 이야기로 의미를 풀어주면 놀라울 정도로 잘 기억한다(의, 意).

그렇다. '한자는 어려울 것이다'라는 생각은 오롯이 어른들의 것이다. 나는 매일 아침 한자카드 여섯 장을 큰아이에게 보여주며 따라 하도록 하고 나서 유치원에 보냈는데 아이는 항상 "엄마! 재미있어! 한 번 더!"를 외쳤다. 한자 학습에 별다른 욕심이 없었기 때문에 하루 한두 번 정도 아이에게 한자를 보여줬을 뿐인데도 아이는 금세 외웠다.

요즘은 학습지를 통해서나 가정에서 한글을 가르칠 때 아예 통문자 단어로 외우도록 하는 경우가 많다. 그래서 나도 6개월 정도 아이에게 한글 단어를 통으로 외우도록 했었는데 흥미도 안 보이고 너무 싫어해서 중단했다. 그런데 중국어는 그림으로 바로 알 수 있는 단어의 의미와 엄마가 살짝 곁들인 이야기, 그리고 노래 같은 한자소리가 한데 어우러져 흥미를 자아내는지 무척 좋아했다. 한글을 통문자로 외우는 건 힘들어하던 아이가 한자는 통으로 외우니 신기한 노릇이었다.

개인적으로 나는 한글을 통으로 외우는 것보다는 세종대왕의 한글 창제 원리에 맞게 자음과 모음의 결합을 이해하고 배우는 것이 더 올바른 학습법이라고 생각한다. 그러나 한자는 한글과 다르다. 사물의 형상을 본떠거나 그것에 대한 관념을 나타낸 글자가 많기 때문에 이미지로 형상화하여 받아들이는 것이 굉장히 자연스럽다.

어린아이들은 한자를 사진 찍듯이 이미지로 단번에 저장하는 능력이 뛰어나기 때문에 어릴 때 한자 읽기를 시작하는 것도 나쁘지 않다.

작은 것이 모여 큰 것을 이룬다
─ 집소성대(集小成大)

아무리 좋은 총을 갖고 있어도 총알이 없으면 무용지물이다. 만리장성도 처음부터 거대했던 게 아니라 작은 (벽)돌 하나하나가 모여 끝이 보이지 않는 2만 1,196킬로미터에 이른 것이다. 그러니 우선 할 일은 총알을 늘리고 성을 지을 벽돌부터 모으는 것이다.

읽고 쓰기를 위해 가장 먼저 할 일은 작은 단위글자인 한자와 친해질 시간을 갖는 것이다. 글자 하나하나에 서서히 친숙해질 시간을 충분히 갖도록 해야 한다. 그러고 나서 단어로 넘어가고 그런 뒤에 구나 짧은 문장으로 점차 확장해나가도록 한다.

한자를 하나하나 익히는 가장 좋은 방법으로는 한자카드를 추천한다. 내가 사용하는 한자카드는 한 면에는 한자 모양을 이미지화해서 그림을 보고 모양을 알 수 있도록 했고, 반대 면에는 한자가 큼지막하게 흑색으로

왼쪽 카드는 우는 모습을 '哭(울 곡)' 자 모양대로 나타내어 한자를 익히기 수월하게 하였고, 오른쪽 카드는 우는 모습만 있다. 한자를 익힐 때는 왼쪽 카드가 도움이 된다.

'冷(춥다 냉)' 자 카드의 앞면과 뒷면

적혀 있어 한자를 제대로 익히도록 했다.

중국어 나이 1세 부분에서 소개한 단어카드의 그림 면은 단어의 의미만 전달해줄 수 있는 그림이면 충분하다. 그러나 한자 학습을 위한 카드에 있는 그림은 한자를 익히는 데 될 수 있도록 한자의 모양대로 그려져 있어야 한다. 나는 이 한자카드를 매일 아침 1~2분가량 보여주었다. 아침을 먹고 유치원에 가기 전에 약간 시간이 남으면 카드를 꺼내 아이와 큰 소리로 읽었다. 앞서 '단어조각 모으기'에서 소개한 플래시기법도 오랜 시간 설명하기보다는 금방금방 넘기며 보는 식이었다.

이렇게 잠깐씩 보고 순간적으로 익히며 함께 큰 소리로 읽는 방식을 활용했다. 그러면 순식간에 끝이 나는데 아이가 재미있다며 한 번 더 하자고 하면 못 이기는 척 한두 번 더 보여주고 집을 나섰다. 그리고 가끔 자기 전 침대에 누워 한자 그림을 보면서 설명하고 이야기를 나누기도 했다. 그림이 이미 그 의미를 표현하고 있기에 내가 굳이 많은 설명을 하지 않아도 아이는 그림만 보고도 무슨 의미인지 대강 안다. 나는 거기에 재미난 설명을 살짝 덧붙여주기만 하면 된다.

예를 들어 춥다는 의미의 冷 카드에는 얼음 아래에서 소년이 움츠리고 앉아 추위에 떨고 있는 모습이 그려져 있다. "이것 봐! 아이가 얼음 아래에서 떨고 있어. 옆에도 얼음, 위에도 얼음이 있네! 얼마나 추운지 덜덜 떨고 있다. 그렇지?"라고 그림에 대해 이야기한다. 그러면 아이도 신이 나서 재잘재잘 떠드는데 그림 한 장으로도 생각보다 할 말이 많다.

그리고 한 걸음 더 나아가 움츠린 아이 모습을 그대로 내가 흉내 내어 보여준다. 그러면 아이도 신이 나서 동작을 똑같이 따라 한다. 글자 하나를 가지고도 많은 이야기가 오가고 재미있는 놀이를 할 수 있다. 이렇게 엄마와 함께 본 한자를 아이는 절대 잊어버리지 않는다.

한자 그림을 보며 한자를 익히는 활동을 충분히 한 후에는 엄마가 매직으로 종이에 쓰거나 프린트를 해서 그림글자와 먹글자를 맞추는 놀이를 한다. 이 활동이 또 충분히 이루어진 후에 먹글자를 보며 무슨 글자인지 말해보도록 한다.

국내 어린이 중국어 교재 중에는 한자 하나하나를 다루는 책은 거의 없다(최소한 나는 아직 보지 못했다). 보통은 본문의 회화문에 나오는 주요 단어를 익히게끔 한다. 글자 단위가 아니라 단어 단위로 쓰고 익히도록 되어 있는 것이다. 한자와 친해질 시간도 없이 본문에 나오는 단어를 무작정 외워야 하니 한자 학습이 재미없고 싫을 수밖에 없다. 본문의 단어를 한 번에 익혀야 본문을 읽을 수 있다 보니 소화해야 하는 양도 만만치 않아 부담스럽다.

그런데 한자카드로 글자를 충분히 익힌 다음에 단어를 접하게 되면 단어가 어렵게 느껴지지 않고 이후 구나 문장으로 나아가도 두려워하지 않는다. 알고 있는 글자를 결합하여 점차 큰 단위에 도전하면서 긴 문장의 의미도 거뜬히 파악할 수 있게 된다.

긴 문단 하나를 제대로 읽기까지 먼저 한자 하나하나의 의미를 소중히 하자. 한자카드로 한자와 충분히 친해지고 난 뒤 읽을 수 있는 단어를 늘린다. 그런 후에 아이가 이전에 봤던 한 줄짜리 글밥 책을 소리 내어 읽어 보도록 한다.

중국어 읽기의 필수과정, 소리 높여 또랑또랑하게 '낭독'

　중국에서 가장 많이 사용하는 읽기 방법은 바로 문자를 소리 높여 또랑 또랑하게 읽는 '낭독'이다. 낭독은 중국어를 읽는 과정에서 단순한 읽기를 넘어 굉장한 효과를 가져온다.

　첫째로 낭독을 하는 동안 시각적으로는 한자를 읽고 청각적으로는 내가 읽는 소리를 듣는다. 낭독은 자신이 내는 소리로 뜻을 이해하며 읽어나 가기 때문에 발음의 정확성과 유창성이 요구된다. 자신의 소리를 들으며 읽는 과정에서 자신도 모르게 발음을 보다 정확히 하고 성조가 틀리지 않 도록 주의를 기울이게 된다. 누가 틀렸다고 말하지 않아도 자신의 목소리 를 들으며 스스로 교정해나가는 과정이 자연스럽게 이루어지는 것이다.

　만약 소리 내지 않고 읽는 묵독(默讀)을 할 경우 자신의 소리를 들을 수 없어 성조가 올바른지 발음이 정확한지 알 수가 없다. 중국어에는 음의 높낮이인 성조가 있기 때문에 소리를 내어 읽는 연습과정이 꼭 필요하다. 낭독은 중국인들이 가장 많이 사용하는 읽기 방법이자 중국어를 배우는 외국인들도 빠뜨리면 안 되는 코스다. 특히 초급자 레벨에서는 더욱 필요 하다.

　낭독을 할 때는 너무 작은 소리보다 적당히 큰 소리로 글을 읽도록 하 자. 감정을 살려 읽거나 글의 느낌을 담아 읽으면 더욱 효과적이다. 아이들이 단순히 글자를 읽는 데 그치지 않고 감정이입을 함으로써 내용에 더 깊이 빠져들 수 있다.

외국어 습득은 사고학습이 아닌 운동학습을 통해 이루어진다. 적당한 연습과 숙련의 과정을 통해 자연스럽게 말하기와 읽기가 가능해진다.

초등학교 5학년 때 처음 컴퓨터를 접하고 독수리타법으로 키보드를 꾹꾹 누르던 때가 생각난다. 한 단어, 한 문장을 입력하는데 어찌나 진땀이 나던지 차라리 연필로 쓰는 게 빠르겠다 싶었다. 그러다 적당한 연습 시간을 거치고 나니 어느새 키보드를 보지 않고도 글자를 척척 입력하는 내 모습을 발견했다. 연필로 쓰는 것과는 비교할 수 없을 정도로 빨라져 있었다.

읽기 역시 마찬가지다. 한 글자에서 시작해 한 단어 그리고 한 문장을 읽을 때 처음은 언제나 서툴다. 다만 키보드가 낯설고 어색해도 꾸준히 훈련하면 입력 속도가 향상되듯이 중국어 읽기도 일정한 시간 동안 연습을 해야 한다. 띄엄띄엄 하나씩 읽어나가도 다양한 글에서 같은 단어를 여러 차례 발견하다 보면 아이의 실력은 어느새 쑥쑥 자라 있다. 그 과정을 천천히 즐기다 보면 어느새 숙달되어 술술 읽는 날이 올 것이다.

중국어를 읽을 때는 혼자 읽기보다 성우를 따라 마치 성대모사하듯 읽어야 한다. 초급 수준에서는 혼자 읽거나 자기 생각대로 읽는 것은 별 도움이 안 될 뿐 아니라 오히려 나쁜 습관이 생기기 쉽다. 원어민 성우가 읽는 그대로 따라 읽는 것이 가장 자연스럽고 정확한 발음을 익히는 방법이다. 아이들은 소리를 그대로 따라 하는 귀가 어른보다 훨씬 잘 열려 있어서 귀가 굳은 어른보다 더 잘 따라 하니 걱정할 필요는 없다. 아이들의 현 수준보다 다소 쉽고 흥미를 느낄 법한 책 중에 원어민 성우의 CD가 포함된 책을 골라 먼저 들으며 따라 읽는 연습을 하게끔 한다. 이때 아이의 수준보다 낮은 쉬운 내용부터 읽어나가야 한다는 것을 잊지 말자.

중국어에는 띄어쓰기가 없다. 그래서 중국어 초보자는 도대체 어디서 끊어 읽어야 하는지 잘 모를 수 있다. 끊어 읽기는 중국어 문장 구조를 파악하는 데 결정적이며 유창하게 읽는 수준까지 가는 데 꼭 필요한 부분이다. 때문에 정확한 발음과 알맞은 속도로 적절히 띄어 읽는 연습도 해야한다. 이 역시 원어민 음성을 그대로 따라 하는 방법이 제일이다. 원어민 성우가 띄어 읽는 부분에서는 똑같이 쉬어가고 원어민 성우가 빠르게 읽는 부분이 있다면 똑같이 빠르게 읽도록 하면 된다.

중국어 발음기호야, 고마워!

학교에서 중국어 수업을 하다 보면 대개 첫 시간에 아이들이 꼭 하는 질문이 있다. "중국어 시간에 왜 영어를 배워요?" 특히 수업을 직접 듣는 학생이 아니라 복도를 지나가다 우연히 교실 칠판을 본 학생이 종종 그런 질문을 한다. 중국어 시간에 영어를 배운다니 무슨 소리인가 싶겠지만, 중국어 발음기호가 로마자 알파벳을 빌려와 만들어졌기 때문에 발음기호만 보면 흡사 영어 시간처럼 보일 법도 하다.

중국어에는 한어병음이라는 게 있는데, 중국어 발음을 로마자 알파벳으로 표기한 것이다. 21개의 성모와 16개의 운모를 이용해 중국어 발음을 표시해놓아 발음을 모르는 글자가 있어도 한어병음을 통해 정확히 어떤 소리가 나는지 쉽게 알 수 있다.

생전 처음 보는 모르는 한자가 있다고 치자. 한자만 보고는 어떻게 읽어야 할지 전혀 알 수 없지만 그 아래에 정확한 발음을 안내해주는 한어병음이 표시되어 있으면 음의 높낮이까지 정확하게 읽어낼 수 있다. 중국어를 배워나가는 외국인 입장에서는 만약 한어병음이 없었다면 글자 하나하나 발음까지 기억해야 했을 테니 생각만 해도 아찔하다.

한어병음은 중국인의 문맹률을 낮추는 데 일조했을 뿐 아니라 전 세계인에게 익숙한 알파벳을 이용한 덕에 외국인도 더 쉽게 중국어를 배울 수

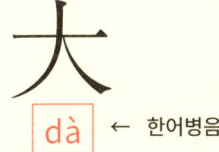

dà라고 적힌 한어병음을 보고 '大(큰 대)'의 발음을 알 수 있다.

있도록 해준다.

중국어를 듣다가 모르는 단어가 나올 경우 들리는 발음대로 사전에서 한어병음을 찾아보면 그 의미를 쉽게 알 수 있을 만큼 한어병음은 중국어 학습에 꼭 필요한 고마운 존재이며 가장 기본적인 도구다.

그런데 간혹 "한어병음을 보지 말고 100퍼센트 한자만 보고 읽어야 한다고 들었는데 정말 그런가요?" 하고 묻는 엄마들이 있다. 당연히 중국어 문자는 발음기호인 한어병음이 아니라 한자가 맞다. 한어병음은 한자를 익히는 데 있어 좀 더 쉽고 정확하게 안내해주는 가이드 역할만 할 뿐이고 결국 한자를 읽어야 진정한 중국어 읽기인 게 맞다. 다만, 그 과정에서 한어병음을 익힌다면 훨씬 더 효과적으로 한자를 배울 수 있다. 그러므로 읽기의 기초단계에 한어병음은 꼭 배워 활용해야 하고 일부러 한어병음을 피하면서까지 한자를 읽을 필요는 전혀 없다. 오히려 한어병음을 통해 훨씬 수월하고 정확하게 중국어를 익힐 수 있다. 새로운 글자를 익힐 때 한어병음을 읽으면 어떤 발음의 글자인지 알 수 있고 알던 단어도 종종 발음이 틀리는 경우 한어병음을 보고 정확한 발음을 확인할 수 있다. 게다가 발음만 듣고 사전에서 단어를 찾을 때, 컴퓨터 타이핑을 할 때, 휴대전화로 메시지를 보낼 때도 모두 한어병음을 사용한다. 한어병음은 중국어를 공부하는 이에게는 아주 중요한 필수 코스인 것이다. 한어병음은 한자를 더 쉽고 정확하게 읽도록 도와주는 중간다리이지 한자를 익히지 못하게 방해하는 훼방꾼이 아니다. 먼저 한어병음을 통해 정확한 발음을 익히고 충분히 연습한 후에 한어병음 없이 천천히 읽기를 시도하면 된다.

한어병음 배우기

한어병음은 한글처럼 자음과 모음의 결합으로 이루어지기 때문에 이를 이해할 만한 인지능력이 발달한 이후에 익히는 것이 좋으며, 특히 영어 알파벳을 배우고 난 이후가 좋다. 한어병음이 알파벳에서 빌려온 것이기 때문에 알파벳을 이미 익힌 뒤라면 한어병음은 식은 죽 먹기나 다름없다. 알파벳이 익숙한 상태라 눈에 쉽게 들어올 뿐 아니라 영어와 다른 소리가나는 발음들 위주로 잡아주면 간단히 익힐 수 있다. 영어 발음과 헛갈리지 않느냐는 질문을 곧잘 받는데 맨 처음 배울 때는 혼동될 수 있지만 아이들은 영어는 영어대로 중국어는 중국어대로 금방 제대로 찾아 읽으니 걱정하지 않아도 된다. 한어병음을 익혀야 하는 시기를 묻는다면 한글과 영어 알파벳을 익힌 후라고 할 수 있다. 한글을 익혀서 자음 모음의 결합을 이해했고 알파벳의 모양을 알고 있다면 한어병음을 익히기가 굉장히 쉬워진다.

중국 아이들은 학교에 입학하면 한어병음을 먼저 확실히 익히고 난 후에 한어병음이 달린 한자 읽기를 한다. 한자만 달랑 있는 게 아니라 병음이 달려 있어 병음을 보고 새로운 한자를 익혀나간다. 그리고 학년이 올라갈수록 병음이 사라지고 한자의 수가 늘어난다.

중국 아이들도 한어병음을 초등학교 입학과 동시에 시작하는 것이 일반적인 만큼 우리 아이들도 너무 일찍부터 한어병음을 익힐 필요는 없다. 자음과 모음의 결합을 이해하고 어렵지 않게 익혀나갈 수 있는 7~8세 이후에 익혀도 충분하다. 그 전에는 먼저 한자와 자연스럽게 친해지고 몇몇 한자부터 읽는 연습을 하도록 하자.

한어병음을 배우는 이유는 한자를 더 쉽고 정확하게 익히기 위함이다. 너무 어릴 때는 먼저 한자 본연의 맛을 즐기도록 하고, 한어병음을 충분히 배울 수 있을 정도로 아이의 인지능력이 발달하면 그때 시작하도록 하자. 그리고 충분히 익힐 수 있는 시간을 갖는 게 좋다. 한어병음은 중국어 학습의 가장 기본적이고 중요한 도구이기 때문이다.

Chapter 6

중국어 나이 5세
한자 쓰기 시작하기

엄마표 중국어로 듣기, 말하기, 읽기를 했다면 이제는 쓰기에 도전해보자. 앞에서도 여러 번 강조했지만 엄마표 중국어의 장점은 내 아이의 성향을 파악해가며 공부할 수 있다는 것이다. 따라서 이쯤에는 한자 쓰기를 시작해야 한다는 기준이 있는 게 아니므로 아이가 한자 쓰기를 할 준비가 되어 있는지를 파악하는 게 먼저다. 한자 쓰기를 시작했다면 조급해하지 말고 하루 한 자씩 시작해본 뒤 아이의 연령이나 수준에 맞춰 글자수를 늘려나가면 된다.

한자 쓰기를 시작하자

　듣기, 말하기, 읽기, 쓰기 중 쓰기는 다른 실력의 3분의 1에 해당하는 능력만 갖춰도 충분하다는 전문가의 말을 들은 적이 있다. 특히 한자는 소리 나는 대로 쓸 수 있는 문자가 아니라 한 글자씩 외워서 쓰는 글자이기 때문에 말하기 능력과 쓰기 능력을 동등하게 갖추는 것은 쉽지 않다. 또한 요즘에는 손으로 쓸 줄 몰라도 키보드나 휴대전화를 이용해 한자를 입력할 수 있기 때문에 한자 쓰기에 대한 부담이 많이 줄어들었다. 한자 쓰기가 서툴러서 연필로는 직접 쓰기 어렵더라도 자판에 발음대로 한어병음을 치면 해당 한자를 타이핑할 수 있기 때문이다.

　나는 중국인들과 함께 생활하면서 "어, 이 한자 어떻게 쓰더라?" 하고 옆 사람에게 물어보는 중국인을 수도 없이 봤다. 중국인조차도 '자주 사용하지 않는 한자라서, 혹은 갑자기 기억이 안 나서' 등 다양한 이유로 한자 쓰기에 애를 먹기도 한다. 소리 나는 대로 쓰면 되는 한글이라면 무척 부끄러운 일이겠지만 한 글자 한 글자 외워야 알 수 있는 중국어 한자를 어떻게 쓰느냐고 묻는 일은 그다지 부끄러운 일이 아닌 듯했다.

　그래서 나는 우리 아이들에게 한자 받아쓰기를 시킨다거나 완벽하게 외우라는 부담감을 주고 싶지 않다. 점 하나, 획순 하나 틀리지 말고 완벽히 외우라며 으름장을 놓지는 않겠다는 말이다. 엄마표 중국어는 공인시험이나 자격증 취득이 목표가 아니라 재미있고 자연스러운 학습 과정 속에서 수준 높은 중국어를 구사하기 위한 것이므로 아직 어린아이들에게 한자를 완벽히 외우라며 받아쓰기를 시키지는 않았으면 좋겠다.

물론 좋아하는 책의 구절을 베껴 쓰거나 편지나 일기 같은 자유로운 형식의 글을 쓰도록 할 것이다. 글쓰기를 하는 과정에서 모르는 한자는 사전을 찾아 쓰도록 유도하여 쓰는 활동 자체에 대한 재미를 더욱 키워줘야 한다.

굳이 받아쓰기를 하지 않아도 결국 그 과정을 거치고 나면 다 잘 쓰게 되어 있다. 엄마표 중국어와 학원표 중국어의 차이가 여기에 있다. 일찍 시작했기 때문에 더 여유로운 마음으로 진행할 수 있고 본전을 뽑아야 하는 게 아니기 때문에 당장의 효과가 없어도 괜찮다. 1, 2년 보고 안 볼 사이가 아니기 때문에 10년 이상 멀리 내다볼 수 있다. 지금 몇 자 잘 쓰는 것에 연연하지 말고 앞으로 해나가는 과정을 기대하자.

쓰기를 시작하는 시기가 전적으로 아이에게 달린 만큼 읽기와 쓰기를 동시에 진행할지 시간을 두고 쓰기는 나중에 진행할지를 정해야 한다. 나이가 어려 아직 연필을 쥐고 한자를 쓰는 것에 어려움이 있다면 당연히 읽기를 시작하고 쓰기는 나중으로 미뤄야 한다.

예를 들어 아이가 아직 운필력이 약해 한글도 쓰기 힘들어하는데 중국어를 일찍 시작해서 이미 상당 기간 중국어를 배워왔다고 하자. 만약 한자에 거부감이 없다면 읽기는 시작하되 쓰기는 차후로 넘기면 된다. 읽기를 통해 이미 한자를 익혔기 때문에 쓰는 힘이 더 길러졌을 때 쓰기를 시작해도 금방 따라잡을 수 있다. 쓰기가 힘든 아이에게 한자를 여러 번 반복해 쓰게 하는 것은 시간도 오래 걸리고 아이를 지치게 만든다. 이 아이에게 한자 쓰기를 시키는 것은 한마디로 애 잡는 짓이다.

또 다른 예로, 연령이 8세 이상이고 중국어를 시작한 지는 1년 남짓 되었다고 하자. 8세이므로 쓰는 것에 문제가 없고 한자에도 거부감이 없다. 그렇다면 읽기와 동시에 쓰기도 함께 진행하는 것이 훨씬 효과적이다. 읽으면서 한자를 눈으로 익히고 쓰면서 다시 한 번 손으로 정확하게 한자를 다진다. 또한 읽기와 쓰기를 동시에 하는 편이 따로 하는 것보다 시간이 훨씬 절약되므로 쓰기가 충분히 가능하고 거부감 없는 아이의 경우 읽기와 동시에 시작하는 것이 좋겠다.

읽기든 쓰기든 시작 시점을 정하려면 일단 아이와 함께 해봐야 한다. 아이가 피하거나 도무지 하려 들지 않는다면 때가 아님을 받아들이고 좀 더 시간이 흐른 후에 다시 한 번 들이밀어본다. 엄마는 '지금은 때가 아닐 거야'라고 생각했는데 아이가 예상 외로 흡수를 잘할 수도 있고 '지금 해야 해!'라고 생각했는데 거부 반응을 보일 수도 있다. 엄마의 생각과 실제 아이는 다를 수 있다는 점을 기억하고 일단 한번 아이와 시도해본 후에 결정해야 한다. 엄마의 머릿속 생각과 다른 엄마들의 경험담 그리고 실제 내 아이 사이에는 상당한 차이가 있음을 알 수 있을 것이다.

\ 한자 쓰기 연습 방법 /

　한자 쓰기에 돌입했다는 것은 엄마표 중국어를 성공적으로 진행해오고 있다는 뜻이다. 지금껏 해온 것처럼 한자 쓰기도 다음 연습 방법에 따라 차근차근 진행해보자.

첫 시작은 하루 한 글자면 충분하다

　언어 학습에서는 꾸준함과 성실함이 전부다. 첫 시작은 항상 가벼운 마음으로 하자. 이제 시작이라는 생각으로 앞으로 1년, 2년, 10년을 내다보고 달려야 하는데 초반에 너무 힘쓸 필요는 없다.

　쓰기는 먼저 하루 한 자로 시작한다. 물론 아이가 스스로 원하는 경우라면 두 자 아니라 10자도 괜찮지만 보통 한자 쓰기를 처음 시작할 때 더 쓰겠다며 달려드는 아이는 많지 않다. 아이가 '이 정도야 거뜬하지!'라고 느낄 정도의 양과 난이도면 된다. 5세 아이와 10세 아이의 능력은 다르므로 아이의 연령이나 수준에 맞게 준비하되 엄마가 먼저 욕심을 버리고 하루 한 글자면 충분하다는 생각으로 접근해야 한다.

　한 글자라고 해도 大(큰 대)와 贏(남을 영)처럼 한자는 글자마다 획순과 난이도가 다르므로 한자 쓰기는 간단한 글자부터 진행하도록 하자.

본격적인 쓰기는 이렇게!

한자 쓰기의 시작 역시 한자 읽기처럼 한자카드를 활용하면 좋다. 두세 글자가 붙어 있는 단어보다는 한 글자씩 쓰면서 성취감을 느끼도록 해주고 난이도를 높여간다. 그런 다음 단어로 넘어가도록 하자.

일단 한 자든 두 자든 매일 쓰는 습관을 들였다면 문장 쓰기를 시작해본다. 아이가 좋아하는 중국어 책에서 특히 흥미를 보이는 한 페이지를 쓰도록 해본다. 책의 한자는 카드에서 본 한자보다 글씨 크기가 확연히 작을 확률이 높다. 너무 작은 글자는 쓰기도 전에 아이들이 눈으로 읽어내는 것조차 버거워한다. 그러므로 큼지막한 글씨가 좋으며 만약 여의치 않다면 엄마가 빈 종이에 크게 적어주고 그 글씨를 따라 쓰게 해도 된다.

중국어 쓰기 교재를 구입해 활용하는 것도 좋은데『초등 중국어 단어쓰기 노트』(다락원)를 추천한다. 6권 세트로 되어 있으며 1권에 80단어씩 총 480개의 기초단어를 익힐 수 있게 되어 있고 무엇보다 CD가 있어서 발음을 들으며 쓸 수 있어 유용하다.

틀려도 괜찮아, 일기와 편지로 쓰기에 날개 달기

대학교 때 휴학을 하고 중국에서 지내는 동안 나는 따로 시간을 내서 중국어 쓰기를 공부한 적은 없다. 중국에 있을 당시 학교에 다니며 공부한 게 아니라 현지 고등학교와 대학에서 한글을 가르치거나 봉사활동을 했기 때문에 쓰기 공부에 별도로 할애할 시간이 없었다. 대신 그 보물 같은 소중한 추억을 오래 남겨두기 위해 매일 일기를 쓰거나 누군가에게 편지를 썼는데 전부 한글이 아닌 중국어로 기록했다. 내 중국어가 맞든 틀리든 상관하지 않았다. 이미 말은 잘할 수 있었기 때문에 큰 문법적 오류가 많지는 않았겠지만 분명 틀린 부분이 있었을 것이다. 하지만 테스트를 받기 위한 쓰기가 아니었기 때문에 내 생각과 표현하고 싶은 내용을 마음껏 적었다. 가끔 표현이 막히면 책을 찾거나 주변 중국인들에게 물어봐서 새로운 표현을 알아나갔다. 그 작업은 나에게 너무나 훌륭한 공부가 되었다. 모르는 표현을 스스로 찾아 나의 생각을 표현하는 동안 새로운 단어와 좋은 글귀를 많이 발견했다. 특별히 쓰기 공부를 하지 않았어도 종이 몇 장을 채우는 데 몇 분 걸리지 않았다.

한국에 돌아와서도 중국에 있는 친구들에게 종종 편지를 썼는데 편지지 다섯 장을 가득 메운 한자들을 본 주위 사람들은 깜짝 놀라곤 했다. 사실 생활에서 자주 사용하는 단어들은 어느 정도 정해져 있기 때문에 자주 쓰고 접하다 보면 자연스럽게 외워지기 마련이다. 그 과정이 너무 즐겁고 좋았기에 내 아이에게도 그대로 전해주고 싶다.

아이의 인지능력이 자신의 생각을 글로 표현할 수 있는 정도라면 슬슬 편지나 일기를 간단하게나마 써볼 수 있도록 하자. 너무 거창한 시작은 오히려 안 하느니만 못하다는 게 나의 엄마표 철학이다. 그림일기로 시작해서 한 문장의 간단한 문장이면 충분하다. 엄마, 아빠에게 '사랑해요'라는 한 문장을 중국어 "我爱你"로 쓰는 것만으로도 이미 감동적인 시작이다.

그리고 나서 주위에 중국인 선생님이나 중국인 친구가 있다면 그 사람에게 편지를 쓰도록 해본다. 나는 예전에 내가 가르치던 학생들에게 주위에서 식당을 운영하시는 중국인 아주머니께 편지를 쓰도록 한 적도 있다. 물론 두세 문장의 아주 짤막한 내용이었지만 누군가에게 전해주는 글이라고 생각하니 아이들은 쓰는 내내 정성을 들이는 모습이었고 그 과정이 너무 즐거워 보였다.

만약 일기를 계속 써나가면서 내용이 풍부해지고 길어졌다면 중국어 일기에 관한 책을 구입해 참고해도 좋다. 시중에 이미 중국어 일기에 관한 다양한 책들이 판매되고 있다.

쓰기 싫어하는 아이에게 컴퓨터 키보드를 쥐어주자

만약 한자 쓰기를 지겨워하거나 전혀 흥미를 보이지 않는다면 굳이 쓰기를 강요하지 말고 컴퓨터에 한자를 입력하는 놀이를 해보자. 병음을 치면서 한자의 발음을 익히고 한자를 선택하는 과정에서 한자를 눈에 익힐 수 있다. 아이들에게 연필과 종이 대신 컴퓨터 키보드를 쥐어주면 공부로 여기지 않고 놀이하듯이 한자를 익힐 수 있다. 중국어를 컴퓨터에 입력하는 수단은 다양하지만 그중 가장 간단한 방법은 컴퓨터에 이미 설치된 '한글과컴퓨터'를 활용하는 것이다. '한글과컴퓨터'를 열고 'Alt+F2'를 누르면 글자판을 선택할 수 있는데 중국어 간체를 선택해 입력하면 된다. 한자의 발음대로 자판을 누르면 해당 발음의 한자가 여러

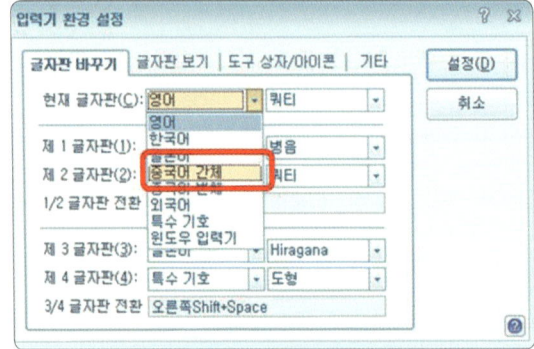

1.
한컴오피스를 실행한 후 '도구>
글자판>글자판 바꾸기'를 들어가
거나 단축키 'Alt+F2'를 누른 후
현재 글자판을 그림과 같이 '중국
어 간체'로 바꾼다.

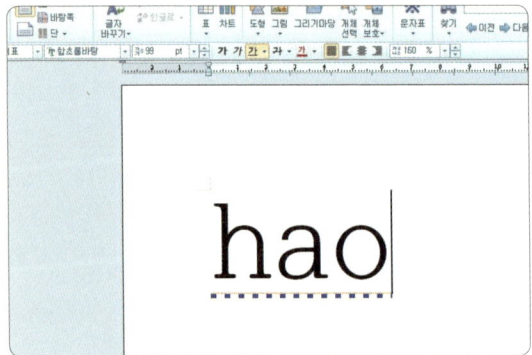

2.
원하는 한자의 발음(한어병음)을
입력한다.

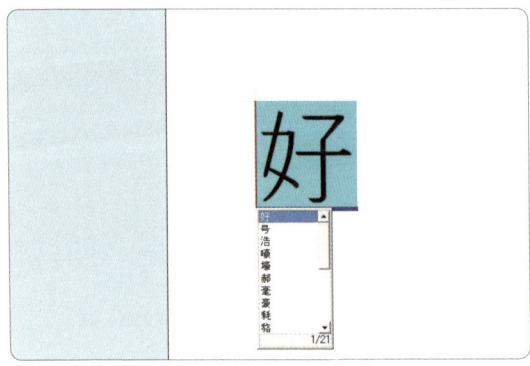

3.
키보드의 스페이스바를 누르면
한자가 나타난다. 만약 원하는 한
자가 아닌 경우 화살표(↓)를 누
르면 같은 발음의 한자들이 나타
난다. 그중 원하는 한자를 Enter
키를 눌러 선택한다.

개 뜨는데 그중에 자신이 원하는 한자를 선택하면 그대로 입력된다. 이 과정에서 아이들은 한자의 발음을 정확히 알 수 있고 같은 발음의 한자들을 눈으로 살펴보고 원하는 한자를 선택함으로써 여러 가지 효과를 한 번에 얻을 수 있다.

하지만 아이가 발음기호를 전혀 모르고 한자를 아예 읽지도 못한다면 적용할 수 없는 방법이다. 한자 읽기와 쓰기를 공부하다가 다른 동기부여나 흥미 요소가 필요해지거나 한자를 입력하는 방법을 가르쳐줄 필요가 있을 때 이 방법을 활용하면 좋다. 한어병음을 어느 정도 숙지한 8세 이상의 아이들에게도 시도해볼 만하다. 특히 요즘은 중국어 한자를 손으로 쓰는 일보다 메일을 보내거나 인터넷 검색을 하거나 컴퓨터로 문서를 작성하거나 스마트폰에 문자를 입력할 일이 훨씬 많다. 나중을 위해서라도 컴퓨터에 한자를 입력하는 방법은 알아두는 게 좋고, 특히 한자 쓰기를 싫어하는 아이에게는 한번쯤 시도해볼 만한 방법이다.

입력하는 한자는 짧은 단어도 좋고 긴 문장도 좋다. 아이가 즐겁게 소화할 수 있는 양이면 된다. 아이가 타이핑을 끝내면 문서를 인쇄해서 주거나 인터넷 공간에 아이의 글을 올려줌으로써 아이가 더 큰 성취감을 맛볼 수 있도록 한다.

Part·3

도전

엄마표 홈스쿨링
성공 노하우

Chapter 1

아이와 함께 엄마도
중국어를 공부하는 4단계

나는 엄마표 중국어를 통해 아이의 중국어 실력뿐 아니라 엄마 역시 성장하는 시간이 되길 바란다. 기왕 엄마표 중국어를 하면서 엄마도 중국어 실력을 갖추게 된다면 얼마나 좋을까. 이 장에서는 중국어를 모르는 엄마들을 위해 아이와 함께 엄마도 중국어를 공부하는 방법을 알려주고자 한다. 전업맘이든 직장맘이든 엄마들은 누구나 새로운 것을 배우기 힘들다. 학원에 다니지 않고도 중국어 발음을 익히는 법, 인터넷 강의나 전화중국어 수업을 활용하는 법, 내 집에서 중국어 어학연수를 간 것 같은 효과를 내는 법까지 중국어 공부에 도전해보고 싶은 엄마들을 위한 꿀팁을 제공할 것이다.

Step 1 :
원어민처럼 발음하는 비법

처음 중국어를 시작하는 성인들은 적잖이 당황한다. 바로 '성조' 때문인데 도대체 얼마만큼 높아야 1성이고 얼마만큼 낮아졌다 올려야 3성인지 감이 잘 안 잡히기 때문이다. 따라 하면서도 이게 맞는 건지, 자신의 발음이 우스꽝스럽진 않은지 불안하고 쑥스럽다. 그래서 더 자신이 없다.

같은 'ma'라도 음의 높낮이에 따라 '엄마'란 의미가 될 수도 있고 '말'이 될 수도 있고 '욕하다'라는 뜻이 될 수도 있다고 하니, 괜히 잘못 말해서 실수라도 할까 싶어 영 부담스럽다. 그도 그럴 것이 성인들은 벌써 몇십 년간 음의 높낮이에 신경 쓰지 않고 살아왔다. 그런데 갑자기 음의 높낮이를 생각하며 말하려니 어려운 게 당연하다.

모국어에 굳어진 귀와 혀가 중국어에 익숙해지기까지는 누구에게나 시간이 필요하다. 절대 '나만' 그런 것이 아니니 당황하거나 좌절하지 말자. 처음에 발음이 많이 서툴렀던 사람들 중 스스로의 노력으로 결국 발음을 거의 완벽히 익힌 사람들을 많이 봐왔다. 100명이 넘는 엄마들의 발음을 교정하면서 10개 중 10개의 발음을 다 틀리는 경우도 보았다. '과연 한 달 정도 열심히 연습하면 제대로 할 수 있을까?' 하는 걱정을 불러일으키는 분들도 있었지만 정말 신기하게도 열심히 한 만큼 결국은 해냈다.

처음에는 당황스럽고 잘 안 되는 게 당연하다. 하지만 제대로 연습한다면 누구나 정확하게 발음할 수 있다.

중국어 발음은 처음부터 제대로 해야 한다

중국어 발음은 처음이 가장 중요하다. 잘못된 발음 습관을 고치기란 아예 처음 배우는 것보다 몇 곱절 더 어렵기 때문이다.

결혼 전 기업체에 출강을 했었는데 중국어를 독학하면서 혼자 발음을 익힌 직장인이나 임원들을 심심치 않게 만났다. 업무만으로도 너무나 바쁜 직장인들이기에 학원을 다닐 시간 여유가 없어 혼자서 중국어 교재를 한두 권 뗐거나 인터넷 강의로 공부를 했거나 중국 출장을 자주 다니면서 어깨 너머로 익힌 것이다. 그중 한 임원이 발음 교정을 해달라기에 몇 달간 수업을 했으나 입에 밴 습관을 고치기가 끝까지 쉽지 않았다. 성조를 무시하고 아무렇게나 말하는 습관이 완전히 배어버려서 제대로 성조를 익혀 말하기까지 무진 애를 먹었다.

이미 밴 습관을 고치기란 정말이지 결코 쉽지 않다. 차라리 처음부터 제대로 배우는 것이 훨씬 더 쉬울지 모른다. 그래서 엄마들에게도 처음에 발음만은 제대로 배울 것을 강조한다. 누군가가 교정해주면 더할 나위 없이 좋겠지만 나 역시 두 아이를 둔 엄마이기에 시간을 내서 학원에 다니거나 비용을 지불하고 중국어를 배운다는 게 쉽지 않은 일임을 잘 알고 있다. 그래서 독학으로 중국어를 배울 때 가장 쉽고 정확하게 발음을 익힐 수 있는 최선의 방법을 소개하고자 한다. 나도 중국어를 처음 배울 때 이 방법으로 스스로 발음을 교정해 큰 효과를 보았고 이후 나에게 이 방법을 추천받은 많은 이들도 역시 좋은 결과를 거뒀다.

매일 30분, 한 달 만에 원어민 되기

중국어를 공부하고 싶어도 아이를 떼놓고 학원을 다닐 수도 없고 '직장 맘'이라 도저히 시간이 안 난다는 엄마들을 블로그를 통해 많이 만났다. 나 역시 엄마이기에 그 마음을 너무 잘 알고 있다. 무엇 하나 배우고 싶어도 단 한 시간도 마음 놓고 내 시간을 가질 수 없는 게 엄마 아닌가.

그런 엄마들에게 힘이 되어주고자 소정의 금액을 받고 온라인으로 발음강의를 제공하고 틀린 부분을 교정해주는 프로그램을 기획했다. 일명 '엄마표 중국어 발음 마스터' 과정으로, 평소 중국어 발음에 자신이 없었거나 배우고 싶어하는 엄마들을 위한 프로그램이다. 100명이 넘는 엄마들에게 중국어 발음을 가르쳐주고 교정하는 과정에서 처음에 '이 분은 정말 안 되겠다' 싶었던 분이 한 달 만에 성조를 틀리지 않고 동화책을 읽는 모습을 보며 누구나 할 수 있다는 믿음이 커졌다. 타고난 언어 감각이 없는 사람도, 중국어 성조가 마냥 힘겹게 느껴지는 사람도 다음의 방법과 예문으로 한 달간 연습한다면 중국어를 자신 있게 발음할 수 있다.

중국어 입문, 초급단계에는 스스로 읽고 발음을 연습하는 시기가 아니다. 이 단계에는 정확한 발음을 들으며 그대로 따라 해야 한다. 입문시기에 혼자서 읽은 발음은 절대 정확할 리 없다. 아이가 처음 말을 배울 때처럼 들리는 그대로 따라 해야 한다. 독학을 하는 경우, 원어민의 발음을 그대로 따라 한 자신의 소리를 듣고 분석하는 과정을 한 달간 거친 후에 스스로 읽는 연습을 하도록 한다.

만약 한 달 동안 연습을 한 후에도 발음에 자신이 없다면 '엄마표 중국어 발음 마스터' 온라인 과정의 교정반을 신청해 피드백을 받아도 좋다. '함께 나누는 중국어' 블로그에서 소정의 금액을 받고 신청을 받는다.

발음 연습 방법

1. '나나샘'의 강의를 들은 뒤 원어민의 음성(MP3)을 5번 이상 반복해 듣고 따라 한다.

2. MP3 기기와 녹음이 가능한 기기를 준비한다. 원어민의 소리와 내 소리를 함께 녹음해야 하기 때문이다.

① 녹음 방법: 성대모사를 하듯 숨소리도 똑같이!!

원어민의 발음을 따라 할 때는 숨소리도 그대로 따라 한다는 자세로 들리는 대로 따라 해야 한다. 마치 성대모사를 하듯이 똑같은 소리를 낸다고 생각하고 최대한 비슷하게 흉내 내본다. 얼마나 길게 혹은 짧게 소리 내는지, 얼마나 높은지 낮은지 귀 기울여 듣고 정말 똑같이 소리를 낸다. 원어민이 "아" 하면 나도 "아" 하는 식으로, 원어민과 내 목소리가 차례로 모두 녹음이 되어야 한다. 원어민과 내 소리가 함께 녹음되어야 녹음 후 비교하며 들을 수 있다.

② 녹음 분량: 하루 30분씩 정해진 양을 꾸준히!

다음 페이지의 발음과 예문을 보면 하루에 연습할 양이 정해져 있다. 하루 30분씩 연습을 하고 15일이 지나면 다시 1일차부터 연습한다. 아마도 두 번째 녹음을 들어보면 전과는 조금 달라진 자신의 발음을 느낄 수 있을 것이다. 단, 두 번째 녹음을 들을 때는 원어민의 소리와 자신의 소리를 더 철저하게 비교하며 틀린 부분이 없는지 아주 면밀하게 확인해야 한다.

30일 발음 연습 예문

Activity

여기에 소개하는 단어와 예문은 해당 발음을 충분히 연습할 수 있는 동시에 엄마들이 평소 사용할 수 있는 실용적인 표현들이다. 15일간 발음 연습을 하고 처음으로 다시 돌아가 15일간 연습을 반복하면 중국어 발음뿐 아니라 일상생활에서 사용할 수 있는 문장들이 입에서 술술 나올 것이다.

▶1일차

ā á ǎ à

妈妈
māma
엄마

妈妈, 爸爸
māma, bàba
엄마, 아빠

ō ó ǒ ò

摸
mō
쓰다듬다, 만지다

爸爸摸, 妈妈摸。
Bàba mō, māma mō.
아빠가 쓰다듬어요, 엄마가 쓰다듬어요.

ē é ě è

饿
è
배고프다

你饿吗?
Nǐ è ma?
너 배고파?

ī í ǐ ì

弟弟
dìdi
남동생

弟弟吃，你吃吗?
Dìdi chī, nǐ chī ma?　　　　동생은 먹는데, 너는 안 먹어?

ū ú ǔ ù

不　　　　아니다
bù

你不吃吗?
Nǐ bù chī ma?　　　　너는 안 먹어?

ü ǘ ǚ ǜ

女儿　　　　딸
nǚ'ér

女儿的雨伞
Nǚ'ér de yǔsǎn　　　　딸의 우산

▶ 2일차

bō bó bǒ bò

爸爸　　　　아빠
bàba

爸爸抱宝宝。
Bàba bào bǎobao.　　　　아빠가 아기를 안아요.

---

pō pó pǒ pò

拍手　　　　박수치다
pāishǒu

宝宝拍手。
Bǎobao pāishǒu.　　　　아기가 박수를 쳐요.

---

mō mó mǒ mò

妈妈
māma

엄마

妈妈摸宝宝。
Māma mō bǎobao.

엄마가 아기를 쓰다듬어요.

fō fó fǒ fò

饭
fàn

밥

快吃饭!
Kuài chī fàn!

어서 밥 먹어!

▶ 3일차

dē dé dě dè

弟弟
dìdi

남동생

弟弟吃蛋糕。
Dìdi chī dàngāo.

남동생이 케이크를 먹어요.

tē té tě tè

汤
tāng

국

汤太烫。
Tāng tài tàng.

국이 너무 뜨거워.

nē né ně nè

你
nǐ

너

你喝牛奶吗?
Nǐ hē niúnǎi ma?

너 우유 마실래?

---

lē lé lě lè

脸
liǎn

얼굴

快洗脸。
Kuài xǐ liǎn.

어서 세수해.

▶ **4일차**

gē gé gě gè

哥哥
gēge

형, 오빠

你是哥哥。
Nǐ shì gēge.

너는 형이야.

---

kē ké kě kè

哭
kū

울다

别哭, 不要哭!
Bié kū, búyào kū!

울지 마, 울지 마!

---

hē hé hě hè

喝
hē

마시다

牛奶真好喝!
Niúnǎi zhēn hǎohē!

우유 정말 맛있다!

▶ 5일차

jī jí jǐ jì

几
jǐ

몇

你几岁?
Nǐ jǐ suì?

너 몇 살이야?

---

qī qí qǐ qì

亲
qīn

뽀뽀하다

亲妈妈一下。
Qīn māma yíxià.

엄마에게 뽀뽀해줘.

---

xī xí xǐ xì

洗
xǐ

씻다

先去洗手。
Xiān qù xǐ shǒu.

먼저 손 씻으렴.

▶ 6일차

zhī zhí zhǐ zhì

准备
zhǔnbèi

준비, 준비하다

准备好了吗?
Zhǔnbèi hǎo le ma?

준비 다 됐어?

---

chī chí chǐ chì

吃
chī

먹다

吃早饭吧!
chī zǎofàn ba!

아침밥 먹자!

shī shí shǐ shì

时间
shíjiān

시간

到了睡觉时间!
Dào le shuìjiào shíjiān!

잘 시간이 되었어!

rī rí rǐ rì

热
rè

덥다

你热不热?
Nǐ rè bu rè?

너 더워, 안 더워?

▶ **7일차**

zī zí zǐ zì

自己
zìjǐ

자기, 자신, 스스로

你能自己做到!
Nǐ néng zìjǐ zuòdào!

너는 스스로 할 수 있어!

cī cí cǐ cì

菜
cài

요리, 반찬

这个菜好吃吗?
Zhè ge cài hǎochī ma?

이 요리 맛있어?

sī sí sǐ sì

四
sì

사, 넷

一二三四五
yī èr sān sì wǔ

일 이 삼 사 오

▶8일차

āi ái ǎi ài

来
lái

오다

你来了，过来吧!
Nǐ lái le! guòlái ba!

왔구나, 이리 와 보렴!

āo áo ǎo ào

吵
chǎo

시끄럽다

别吵!
Bié chǎo!

시끄럽게 하지 마!

āng áng ǎng àng

帮忙
bāngmáng

돕다, 도움

需要帮忙吗?
Xūyào bāngmáng ma?

도움이 필요해?

ōu óu ǒu òu

够
gòu

충분하다

够不够?
Gòu bu gòu?

충분해, 안 해?

ōng óng ǒng òng

懂
dǒng

이해하다

懂了吗?
Dǒng le ma?

이해했어?

▶ 10일차

ēi éi ěi èi

给
gěi

~에게 ~을 주다

给你杯子。
Gěi nǐ bēizi.

너에게 컵을 줄게.

ēn én ěn èn

怎么
zěnme

어떻게

你怎么了?
Nǐ zěnme le?

너 어떻게 된 거야?(왜 그래?)

ēng éng ěng èng

等
děng
기다리다

等一下。
Děng yíxià.
조금만 기다려.

ēr ér ěr èr

儿子
érzi
아들

儿子，女儿
érzi nǚ'ér
아들, 딸

▶ **11일차**

iā iá iǎ ià

牙
yá
이

刷牙
Shuāyá
양치하다

iē ié iě iè

谢谢
xièxie
고맙다

谢谢你帮我。
Xièxie nǐ bāng wǒ.
도와줘서 고마워.

iāo iáo iǎo iào

笑
xiào
웃다

他笑。 그가 웃는다.
Tā xiào.

iōu ióu iǒu iòu

六 육, 여섯
liù

我六岁。 나는 여섯 살이야.
Wǒ liù suì.

▶ **12일차**

iān ián iǎn iàn

见 만나다
jiàn

再见! 다시 만나자!
Zài jiàn!

iāng iáng iǎng iàng

两 둘
iǎng

两个孩子 두 아이
liǎng ge háizi

iōng ióng iǒng iòng

用 사용하다
yòng

用叉子吃! 포크로 먹어!
Yòng chāzi chī!

音乐
yīnyuè

음악

我们听音乐吧!
Wǒmen tīng yīnyuè ba!

우리 음악 듣자!

īng íng ǐng ìng

听
tīng

듣다

听妈妈说的。
Tīng māma shuō de.

엄마가 말 들어봐.

▶ **13일차**

uā uá uǎ uà

抓住
zhuāzhù

잡다

抓住妈妈手。
Zhuāzhù māma shǒu.

엄마 손 잡아.

---

uāi uái uǎi uài

坏
huài

나쁘다, 망가지다

玩具又坏了。
Wánjù yòu huài le.

장난감이 또 망가졌네.

---

uān uán uǎn uàn

穿
chuān

입다

穿衣服，脱衣服。 옷을 입어요, 옷을 벗어요.
Chuān yīfu, tuō yīfu.

uāng uáng uǎng uàng

王子 왕자
wángzǐ

你是王子，你是公主。 너는 왕자야, 너는 공주야.
Nǐ shì wángzǐ, nǐ shì gōngzhǔ.

uō uó uǒ uò

多 많다.
duō

多吃点儿。 많이 먹으렴.
Duō chī diǎnr.

▶14일차

uēi uéi uěi uèi

腿 다리
tuǐ

腿像爸爸，嘴像妈妈。 다리는 아빠 닮고, 입은 엄마 닮았네.
Tuǐ xiàng bàba, zuǐ xiàng māma.

uēn uén uěn uèn

困 졸리다
kùn

你困吗? 너 졸려?
Nǐ kùn ma?

uēng uéng uěng uèng

翁　　　　　　　　　　　노인
wēng

▶ 15일차

üe űe ǔe ùe

学　　　　　　　　　　　배우다
xué

你今天学什么了?　　　　너 오늘 뭐 배웠어?
Nǐ jīntiān xué shénme le?

üan ǔan ǔan ùan

选　　　　　　　　　　　선택하다
xuǎn

你选什么?　　　　　　　너 뭘 고를 거야?
Nǐ xuǎn shénme?

ün ǘn ǔn ùn

裙子　　　　　　　　　　치마
qúnzi

你的裙子真漂亮!　　　　네 치마 정말 예쁘다!
Nǐ de qúnzi zhēn piàoliang!

아이의 책으로 공부하기

중국어 발음에 감을 잡기 시작했다면 바로 아이의 책으로 중국어 공부를 이어간다. 발음에 감이 좀 생겼다 해서 아무것도 하지 않고 한두 달을 보내면 다시 감을 잃기 십상이다. 조금씩이라도 계속 이어나가야 한다. 책은 되도록 원어민의 음성이 딸린 책을 고르는 것이 좋다. 현재 갖고 있는 가장 쉬운 단어카드나 가장 간단한 동화책을 펴고 읽기 연습을 해본다. 엄마에게는 중국어 공부가 되는 동시에 아이에게도 들려줄 수 있으니 일석이조다. 이 시기에는 엄마가 중국어 회화책을 따로 마련해 공부하기보다 아이의 책으로 연습하고 아이에게 읽어주는 것이 엄마의 공부뿐 아니라 엄마표 중국어에 훨씬 도움이 된다.

생활중국어를 진짜 생활화하기

아쉽게도 일반 회화책이나 중국어 교재에는 우리 엄마들이 집에서 아이에게 사용할 만한 문장이 많지 않다. 길 찾기, 가격 흥정하기 등 중국 여행에는 유용하겠지만 우리 아이와 집에서 매일 사용하는 표현과는 거리가 먼 내용들이 많다. 정작 코 파지 말라거나 동생과 사이좋게 지내라거나 똥을 다 누었냐고 묻는 표현은 일반 회화책에는 나오지 않는다. 중국어를 웬만큼 배웠다는 사람도 이런 표현은 잘 모른다. 엄마들이 평소 아이에게 자주 사용하는 말인데도 말이다. 만일 오늘 공부한 중국어 문장을 오늘 바로 아이에게 말해줄 수 있다면 얼마나 좋을까?

엄마를 위한 중국어 책으로는 엄마가 사용할 만한 문장이 가득 담긴 『말문이 빵 터지는 엄마표 생활중국어』(노란우산)를 추천한다. 매 과마다 문장 학습을 도와주는 해설 강의가 있고 교재에 CD가 포함되어 있을 뿐 아니라 소리펜이 적용되기 때문에 언제 어디서든 발음을 확인할 수 있다.

엄마가 하는 말은 매일같이 반복되는 표현이 많아 한 번 외워두면 두고두고 사용할 수 있다. 이 책을 통해 하루 세 문장씩만 외워도 한 달이면 90문장이 된다. 생활 속에서 직접 중국어를 사용하기가 처음에만 어렵지 두세 번 하다 보면 방법이 생긴다. "밥 먹어라", "이 닦자", "잠잘 시간이야" 등 매일같이 하는 말을 굳이 한국어로만 고집할 필요가 있을까. 쉬운 문장부터, 내가 가장 자주 쓰는 문장부터 골라 익히고 매일매일 사용해보자.

Step 3 :
본격적인 중국어 공부하기

엄마표 중국어로 중국어를 시작했다가 중국어의 매력에 푹 빠져서 방송통신대학 중국어과에 진학하거나 중국어능력시험에 응시하는 엄마들도 가끔 만난다. 만약 엄마표 중국어를 진행하면서 아이와 단어책이나 그림책을 함께 읽다가 중국어에 대한 배움의 욕구가 더 커진다면 본격적으로 중국어를 배워보자.

가장 좋은 방법은 선생님과 직접 만나 중국어를 배우는 것이다. 체계적인 커리큘럼 하에 중국어회화를 배우고 연습하며 궁금한 점을 질문할 수 있다. 그러나 엄마들이 오롯이 자신만의 시간을 갖고 학원을 다니기는 쉽지 않다. 더구나 언어는 지속적으로 꾸준히 쌓여야 실력이 느는 법인데 학원을 계속 다닌다는 게 엄마들에게는 쉽지 않은 일이다. 만일 지속적으로 학원을 다니기 힘든 경우라면 인터넷 강의나 전화중국어를 통해 배우기를 적극 추천한다.

인터넷 강의의 가장 큰 장점은 아이를 재우고 집안일을 모두 마친 뒤 밤이든 새벽이든 엄마가 시간이 날 때 짬을 내서 볼 수 있다는 것이다. 이해가 가지 않거나 부족하다고 느끼는 부분은 얼마든지 다시 시청할 수 있고 설거지나 청소를 하면서도 강의 내용을 무한 반복해 들을 수 있다. 다만 의지가 강해야 지속 가능하며 자신이 제대로 하고 있는지 피드백을 받을 방법이 없다는 단점이 있다.

그에 비해 전화중국어는 원어민 선생님께 매일 필요한 피드백을 받고 궁금한 점을 직접 질문할 수 있다. 다만 전화로 이뤄지기 때문에 듣고 말하기 위주의 수업이 될 가능성이 높다. 중국어를 읽고 쓰는 것까지 제대로 익히고 싶다면 수업이 끝난 뒤 배운 내용을 다시 한 번 읽고 써보는 시간을 갖도록 한다. 또한 전화중국어는 보통 10~20분짜리 수업이 대부분이다. 직접 마주보고 하는 수업이 아니기 때문에 집중력을 유지하기가 쉽지 않다. 그래서 본격적으로 수업에 들어갈라치면 시간이 다 되어 전화를 끊어야 하는 일도 많고 수업 내내 중국어로 수다만 떨고 끝날 확률도 없지 않다. 전화중국어는 학원강습보다 비교적 느슨하게 진행되므로 스스로의 학습의지가 필요하며 수업이 끝난 후 철저한 복습을 해야 한다.

Step 4 :
유학보다 더 좋은 중국어 환경 만들기

"외국어를 잘하려면 환각 상태가 중요합니다."

다개국어를 유창하게 구사하는 조승연 작가가 자신의 외국어 공부법에 대해 한 말이다. 여기서 환각이란 그 나라 사람이라고 착각하고 생활하는 것으로, 생활 자체를 아예 해당 외국어로 바꾸는 것을 의미한다.

누구든 외국어를 공부하는 데 있어 일정 기간은 그 언어의 바다에 흠뻑 젖어 지내는 시간이 꼭 필요하다. 이때 해당 언어의 실력이 놀랄 만큼 껑충 뛰어오른다. 마치 중국인인 듯 생활하려거나 중국어를 하루 종일 듣고 말하는 환경을 만들려면 중국에 가는 게 최선이겠지만, 3박 4일 여행으로 될 일도 아니고 유학이나 이민을 가지 않는 한 쉽지 않은 일이다.

그러나 한국에서도 충분히 그와 비슷한 환경을 만들 수 있다. 가능한 최대한의 시간을 중국어로 채워보자. 한국 TV 프로그램 대신 중국어 방송을 보고 중국어 관련 앱을 생활화하며 혼잣말도 중국어로 하고 아이와의 대화에서도 중국어를 시도해보자.

언어교환 앱으로 중국인 친구들 사귀기

중국어 실력을 높이는 데는 중국인 친구만큼 좋은 게 없다. 그러나 중국인 친구를 사귀고 싶어도 현실적으로 찾기가 어렵다. 그럴 때는 외국어 학습 앱을 사용해 외국인 친구들을 사귀어보자. '헬로톡(Hello Talk)'은 무료 외국어 언어교환 앱으로, 나의 중국어 친구이자 선생님을 수도 없이 만날 수 있는 황금 같은 곳이다. 외국어를 배우고자 하는 같은 목적의 사람들이 가입해 있기 때문에 서로의 글이나 녹음을 자발적으로 첨삭해주기도 하고 진정한 언어교환 친구가 되어 채팅도 할 수 있다는 게 큰 매력이다.

나는 가끔 하고 싶은 말을 중국어로 올리곤 하는데 한국어를 배우고 있는 중국인들이 댓글을 달아 실시간으로 소통한다. 예를 들어 '나는 두 아이를 가진 엄마인데 한국어를 배우고 있는 엄마가 있으면 함께 교류하자'고 글을 올렸더니 순식간에 36개의 '좋아요'와 12개의 코멘트가 달렸다. 그리고 채팅을 통해 나와 나이도 같고 아이들 나이도 비슷한 좋은 친구를 만났다.

중국어를 몰라도 괜찮다. 한국어를 배우는 중국인들도 가입해 있기 때문에 한글로 글을 올려도 내가 알고자 하는 것을 해결할 수 있다. 만약 중국어를 조금 할 줄 안다면 간단한 중국어도 올려본다. 오늘 회화교재에서 "밥 먹었어요?"라는 표현을 배웠다면 그대로 글을 올려보자. 그러면 중국인 친구들이 오늘 먹은 메뉴를 줄줄이 달아줄 것이다. 댓글을 읽을 줄 모른다고 걱정할 필요도 없다. 앱 자체에 자동번역 기능이 있으며 발음까지 읽어주기 때문에 한자와 발음을 몰라도 걱정할 필요가 없다. 그리고 책을 보면서 공부를 하다가 잘 모르는 문장이 나온다면 사진을 찍어 올려보자.

중국인들이 직접 읽어 녹음해주기도 하고 작문을 올리면 틀린 곳을 교정해주기도 한다.

아이와 3자얼거(三字儿歌)를 공부할 때 중국에서 사온 책에 CD가 없어서 내 목소리로만 읽어줘야 한다는 게 아쉬웠던 나는 아이에게 원어민의 목소리를 들려주기 위해 헬로톡에 글을 올렸다. "제 아들을 위해 읽어주실 분 없나요?" 그랬더니 1분도 안 돼서 중국 원어민들이 녹음을 올려주는 게 아닌가. 남자, 여자, 다양한 연령의 목소리를 들을 수 있으니 아이도 무척 좋아했다.

그리고 꼭 내가 글을 올리지 않아도 중국인들이 올린 글과 녹음을 보면서 공부할 수도 있다. 중국인들이 올린 한국어를 수정해주거나 틀린 부분을 가르쳐주는 과정 속에서 저절로 중국어 공부가 되기도 한다.

Hello Talk 앱에 간단한 동시를 읽어달라고 글을 올렸더니 중국인들이 실시간으로 녹음해 올려주었다.

내가 올린 글과 녹음을 중국인 가입자들이 자발적으로 나서서 첨삭해주기 때문에 이보다 더 좋은 외국인 선생님은 없다. 외국어를 배우고자 하는 순수한 목적을 가진 사람들이 많아 더욱 매력적인 앱이다.

중국 드라마로 진짜 재미있게 공부하기

책상에 앉아 정석으로 하는 공부는 쉽게 질리고 오랫동안 유지하기가 어렵다. 재미있고 쉬운 방법을 통해 중국어 바다에 빠져야 한다. 가장 쉬운 방법은 재미있는 드라마나 영화를 보는 게 아닐까? 소파에 편하게 누워 과자도 먹고 때론 빨래도 개면서 중국어 드라마를 보는 것이 공부라니 매일 해도 질리지 않을 것 같지 않은가?

요즘은 IPTV나 위성방송에서도 중국 드라마와 영화 등을 볼 수 있고 앱이나 인터넷으로도 손쉽게 찾아볼 수 있다.

중국 드라마나 영화를 무료로 볼 수 있는 사이트나 앱은 굉장히 많다. 그중에서 내가 이용하는 앱은 'LeTV'(중문명으로 乐视视频 혹은 乐视网)인데 중국어 예능방송과 드라마, 영화 등을 무료로 볼 수 있다. 앱만 다운로드하면 별도의 회원가입 없이 터치 한두 번만으로 드라마 전편을 다 볼 수 있으니 정말 쉽고 LeTV 외에 다음 사이트에서도 드라마와 영화를 무료로 다운로드 받을 수 있다.

드라마, 영화 무료 사이트 & 앱

土豆 http://www.tudou.com/

优酷 http://www.youku.com/

爱奇艺 https://www.iqiyi.com/

드라마를 보면서 모르는 단어를 필기해놓거나 재미있는 표현이나 새로 익힌 문장을 '드라마노트'에 정리하는 것도 도움이 된다. 잘 모르는 단어는 영상을 일시 정지시키고 발음기호나 자막의 한자를 참고해 의미를 파악해보자. 인상 깊은 문장이나 일상에 자주 쓸 법한 문장은 적어보고 암기하자. 또 성대모사를 하듯 주인공과 똑같이 따라 해보자. 이렇게 하면 드라마를 통해 듣기뿐 아니라 한자 쓰기, 쉐도잉, 문장 암기까지 다양하게 공부할 수 있다.

제대로 된 드라마 대본으로 학습을 하고 싶다면 시트콤 〈가유아녀〉(家有儿女, 못말리는 가족) 시리즈를 추천한다. 가족 시트콤이라 스토리도 흥미롭고 짤막한 에피소드로 구성되어 가볍게 볼 수 있다. 세계도서출판공예에서 나온 『가유아녀』 교재로 대사와 주요 어법을 학습할 수 있다.

중국의 방송영상물에는 모두 자막이 있다. 영어를 공부할 때는 자막을 보는 것이 도움이 안 된다는 말이 있는데 중국어는 그렇지 않다. 보통은 한자를 읽는 속도가 귀로 듣는 속도를 따라가기 어렵다. 때문에 듣고 이해하는 데 자막이 영향을 끼치지 않는다. 오히려 눈으로 자막을 보면 한자를 익히는 데 도움이 된다. 어떤 단어는 소리만 알고 있다가 자막을 보고 한자를 익힐 수도 있고 처음 듣는 단어는 한자를 보고 뜻을 유추하기도 한다.

드라마나 영화는 자기 취향에 맞는 걸 봐야 더 재미있게 공부할 수 있다. 다만 무협영화의 경우 대사가 너무 적거나 어렵고 액션이 많아 중국어 학습에는 별 효과가 없을 수도 있다는 점을 기억해두자.

시트콤 <가유아녀>는 짤막한 에피소드로 구성되어 있어 가볍게 볼 수 있고, 교재도 구할 수 있다.

Chapter 2

엄마표
중국어 습관 굳히기

외국어 학습에는 재능보다 성실한 습관이 더 중요하다. 진정한 외국어 실력은 단기간 바짝 공부하거나 족집게 과외로 전수받을 수 있는 게 아니기 때문이다. 아주 짧은 시간이라도 매일 실천하는 게 중요하다. 꾸준한 실천이 모여야 원하는 결과를 얻을 수 있다. 따라서 무리한 계획은 세우지 않는 게 좋다. 하루 3분이든 10분이든 매일 지속적으로 할 수 있는 실천 과제를 정하고 실천을 습관으로 만들 수 있도록 계획을 세우자. 작심삼일이 될지라도 계획을 세우는 게 아예 시작도 안 하는 것보다 100배 낫다는 건 엄마들도 잘 알 것이다.

비가 오나 눈이 오나 바람이 부나

언젠가 신문에서 기업 및 학교 면접관들을 인터뷰한 기사를 본 적이 있는데, 외국어를 꼭 사용할 필요가 없는 직업이나 학과에서도 외국어자격증에 가산점을 주는 이유를 설명한 대목이 눈에 띄었다. 면접관들의 말에 따르면, "외국어 능력은 두어 달 바짝 공부해서 단기간에 완성되는 것이 아니라 최소 몇 년에 걸쳐 오랜 시간 쌓인 결과물이다. 때문에 관련 자격증이나 수상 경력, 말하기 능력 등은 해당 지원자가 얼마나 성실하고 끈기 있는 사람인지를 보여주는 척도가 될 수 있어 굳이 해당 외국어가 크게 필요한 영역이 아니라 해도 가산점을 부여한다"는 것이다.

진정한 외국어 능력은 단기간 바짝 공부해서 얻어지는 것도 아니고 족집게 과외로 노하우를 전수받아 얻어지는 것도 아니다. 단순한 자격증 차원이 아니라 하나의 '언어'로서 내가 전달하고자 하는 것을 말과 글로 자유롭게 표현하고 제대로 설득하는 수준의 능력을 얻으려면 매일매일 꾸준하고 성실하게 노력하지 않으면 안 된다. 작은 실천이어도 괜찮다. 꾸준한 실천이 모여야만 원하는 기적 같은 일이 벌어진다.

다이어트와 외국어는 이 '꾸준함'이 지속될 때 비로소 조금씩 결과물이 나온다는 점에서 비슷하다. 하루이틀 노력만으로 드라마틱한 효과는 기대하기 어렵다. 조금 하다가 멈추면 다시 도루묵이 된다. 중간에 포기하면 고생한 시간만 아깝고 어쩌면 안 하느니만 못할 수도 있다.

학창시절 중국어를 공부할 때는 아무것도 신경 쓸 것 없이 책상 앞에만 앉으면 되었다. 그러나 엄마가 된 뒤 내 아이를 위한 엄마표 중국어를 할 때는 이야기가 좀 달랐다. 쌓여 있는 설거지감과 밀린 집안일을 일단 뒤로 해야 했다. 달려드는 둘째 아이를 부둥켜안고 첫째 아이 비위 맞춰 살살 달래가며 책을 펼쳐야 했다. 거기에 TV 소음까지 보태주는 애 아빠와도 눈치전을 벌여야 했고, 몸은 천근만근 왜 이리 무거운지 그냥 누워버리고 싶은 마음을 꾹꾹 눌러 담아야 했다. 그러다 보니 매일 기분 좋게 아이와 중국어 책을 본다는 것이 생각보다 훨씬 더 힘들었다.

'오늘은 꼭 하고 말리라!' 낮부터 결심해서 겨우 하루 실천해놓고는 다음 날 '아차!' 하고 깜빡 넘어가는 날도 있었고, 몸과 마음이 지친 날에는 '에라 모르겠다!' 하고 그냥 쉬어버리기도 했다. 이래저래 쉬고 나면 일주일 중 실천에 옮긴 날은 2~3일. 했다고 하기도 뭐하고 안 했다고 하기엔 억울한 결과였다. 이러다가는 정말이지 아무것도 되지 않겠다 싶어 결심했다. 눈이 오나 비가 오나 바람이 부나 무작정 아무 생각 말고 그냥 매일 하자고.

여행을 가게 되면 여행 기간에 해야 할 분량을 미리 당겨서 다 해놓고, 차로 이동하는 시간이 길면 차 안에서 하고, 아이가 너무 졸려 하는 날에는 눈 감고 듣고 있게만 하면서까지 꼭 하는 것을 원칙으로 했다.

이유 불문 쉬지 않기! 그렇게 정하고 나니 매일 실천이 가능해졌다. 아주 작은 분량이라도 괜찮다. 아주 짧은 시간이라도 좋다. 매일 하도록 하자. 일단 삼시 세끼 밥 먹듯 습관이 되는 것이 중요하다.

나는 엄마표 중국어를 하고 있는 엄마들과 블로그나 수업을 통해 소통할 기회가 많은데 자주 듣는 소리 중에 하나가 바로 실천이 안 된다는 것이다. 마음이 있으면 뭘 하나. 행동이 안 되면 1년 뒤에도 3년 뒤에도 아무 결실을 보지 못한 채 똑같은 말만 되풀이하고 있을 것이다.

10여 년 전 〈엽기적인 그녀〉 속 전지현을 보며 '어쩜 저리 날씬할까? 나도 살 빼야지!' 생각했다. 십여 년이 흘러 애 엄마가 된 전지현이 TV 드라마에 나온다. 참 예쁘다. 나는 아직도 변함없이 똑같은 생각을 한다. '애 엄마가 저렇게 예뻐도 되는 거야? 나도 살이나 좀 빼야겠다!' 참 우습다. 살 뺀다고 전지현처럼 예뻐지지는 않겠지만 더 날씬해지고 싶다는 생각은 고등학교 때나 아줌마가 돼서나 똑같다. 그런데 16년 동안 나에겐 왜 아무런 변화가 없었을까? 어쩜 이렇게도 생각은 같은데 현실의 변화는 없는 걸까? 부끄럽게도 마음은 있었으나 실천이 없었기 때문이다.

거창한 시작은 지속하지 못하게 하는 최대 이유가 된다! 아주 작고 사소한 실천부터 시작해서 매일 할 수 있도록 하자.

기억하자! 외국어 학습에서는 재능보다 성실한 습관이 더 중요하고 외국어 실력은 타고나는 것이 아니라 환경이 만드는 것이다.

실천을 가능하게 하는 3가지 방법

딱 1장, 딱 3분으로 시작하기

간혹 엄마표 중국어 첫날부터 의욕과다로 무리하게 두 시간짜리 계획을 세우는 엄마들이 있다. 첫술부터 과하게 시작하면 머지않아 나자빠지기 십상이다. 처음엔 조심스럽고 여유롭고 느긋한 마음으로 딱 3분만 실천해 보자. 아이와 함께 동요를 부르든 단어카드 놀이를 하든 기본은 3분! 3분 후에도 아이가 원한다면 계속해도 되지만 그게 아니라면 미련 없이 그 자리에서 털고 일어난다. 오히려 조금 아쉽다고 느낄 정도의 짧은 시간은 아이의 호기심을 자극하고 아이가 스스로 더 하고 싶은 마음이 들게끔 할 수 있다.

시작이니만큼 엄마도 아이도 부담이 없어야 매일 지속할 수 있다. 아주 천천히 시간을 늘려가도 된다. 일단 아주 짧게라도 매일 실천할 수 있는 힘을 기르자. 매일 할 수 있는 힘이 길러지고 습관이 자리잡히면 차차 시간을 늘려간다. 언제 얼마만큼 늘려야 하는지에 대한 기준은 없다. 아이가 소화할 수 있는 능력이 되고 즐겁게 하면 한 시간도 괜찮지만 10분 했는데 그만하고자 한다면 10분까지만 늘리면 된다. 그리고 10분이 익숙해지면 20분으로 늘리는 식으로 아이를 기준 삼아 차차 늘려가야지 엄마가 정해놓은 시간에 아이를 집어넣으려고 하지 말자.

아침시간에 가장 중요한 한 가지 해결하기

　두 번째 방법은 바로 아침시간을 활용하는 것이다. 정신없이 바쁜 아침을 활용하라니 무슨 말인가 싶을 테지만, 그리 어렵지 않은 방법이다.

　오후나 저녁은 아침보다 훨씬 더 여유롭고 시간이 많은 것처럼 느껴진다. 물론 아침보다 시간은 길지만 그만큼 해야 할 일도 다양하고 변수도 많아 실제 아이와 함께 앉아 보낼 수 있는 시간은 많지 않다. 특히 '워킹맘'의 경우 저녁시간에 식사 준비와 집안일들이 한꺼번에 몰려 마음이 더욱 바쁘기 마련이다.

　그런데 그날 할 일의 한두 가지를 아침시간에 미리 해놓으면 저녁시간이 한결 수월해지고 실천율도 높일 수 있다. 간단한 것 혹은 중요한 것 한 가지를 아침시간에 해보자. 단어카드 6장을 외운다거나 패턴책 두어 권을 읽는 정도는 3분도 채 걸리지 않아서 아침시간에 하기 딱이다. 그리고 아침식사를 하면서 CD를 흘려듣거나 15~20분짜리 DVD를 시청하는 것도 좋다.

　나는 거의 매일 새벽까지 일을 하고 자기 때문에 아침잠이 꽤 많은 편이다. 예전엔 아이들 등원시간 40분 전쯤 겨우 일어나 정신없이 아이들 씻기고 밥 먹이고 옷 입히면 얼추 등원시간이 되어버렸다. 그러고는 어린이집 버스 놓칠세라 아이들 손잡고 냅다 뛰어야 했다. "잘가, 빠빠이!" 버스 꽁무니가 사라지는 것까지 확인하고 나서 집에 돌아와 이부자리를 정리하고 아침을 먹고 나면 벌써 한 시간이 훌쩍 지나 있었다. 뭔가 제대로 한 것도 없이 아침이 홀랑 날아간 기분이 들었다.

그래서 나는 30분 정도 앞당겨 일어나 부엌에 앉아서 오늘 할 일을 차분히 5분 정도 생각한 뒤 아이들을 깨우고 식탁에 앉히는 것으로 하루를 시작했다. 식사 준비 및 식사시간 동안 중국어 CD를 흘려듣거나 영어를 들을 때도 있고 기분에 따라 클래식을 듣기도 한다. 그리고 아이들이 유치원에 갈 모든 채비를 마치고 나면 20분 정도 시간이 남는다. 그때 단어 카드 6장을 몇 번 반복해서 보거나 짤막한 책 두세 권 정도를 읽히고 등원시킨다.

그렇게 아침시간을 보내고 나면 대단한 일을 한 것도 아닌데 벌써부터 하루를 알차게 보낸 느낌이다. 그저 저녁에 볼 책을 아침에 미리 봤을 뿐이고 저녁에 흘려들어도 될 CD를 미리 들은 정도인데 말이다. 사실 저녁에는 마트에 갈 일이 생길지도 모르고 누군가의 갑작스러운 방문이 있을 수도 있고 어떤 변수가 있을지 모르기 때문에 아침시간에 무언가를 한 가지 해두고 나면 하루가 든든하다.

물론 나는 여전히 아침형 인간과는 거리가 멀다. 꼭두새벽부터 일어나서 무언가를 하라는 말이 절대 아니다. 만약 평소 일찍 일어나 아침을 좀 여유롭게 보내는 편이라면 그 시간 중에 10~20분 정도 짬을 내면 되고, 나처럼 무언가를 더 추가할 수 없을 정도로 빡빡한 아침을 보낸 경우라면 평소에 일어나던 시간에서 20분 정도만 일찍 일어나 준비를 시작해보자. 20분 덜 잔다고 큰 손해 볼 일은 없을 테니 말이다.

스마트폰을 내려놓고 아이와 눈을 맞추자

요즘은 정보가 너무 많아서 탈인 시대다. 아동용 전집 한 질을 사려 해도 인터넷상에 정보가 너무 많아 도리어 결정을 하기 어렵다.

엄마표 외국어도 마찬가지다. 외국어를 원어민처럼 술술 말하는 아이들이 요즘 왜 이렇게 많은지 마치 지극히 평범한 내 아이가 뒤처진 느낌이다. 처음엔 호기심으로 엄마표 외국어에 대한 검색을 시작했는데 차츰 정보가 많아지면서 머릿속이 복잡해지고 계획은 눈덩이처럼 불어만 간다.

그런데 오히려 지나친 정보가 집중을 방해하고 실천을 어렵게 만든다는 것을 알고 있는가? 정보 검색과 다른 영재들의 동영상을 살펴보는 시간이 길어질수록 엄마는 육체적·정신적으로 피곤해진다. 쉴 시간에 제대로 쉬지 못하니 몸만 힘들어지고 너무 많은 정보로 인해 머릿속이 복잡해져 이도저도 실천하기 어려워진다. 자기 아이와 눈을 마주하고 관찰하고 함께 책을 읽어도 시간이 모자랄 판에 다른 아이의 뛰어난 재능에 감탄하느라 아까운 시간을 허비하고 있다는 사실은 모르는 듯하다.

나는 하루 중 잠깐잠깐 인터넷을 보는 게 뭐가 나쁠까 하고 생각했던 적이 있다. 식사 후 잠깐, 자기 전에 잠깐, 짬나는 대로 인터넷을 하다 보면 계획에 없던 뉴스도 보게 되고 검색어 랭킹에도 눈이 가고 연예뉴스도 보게 된다. 그러다 보면 훌쩍 20분이 넘고 30분이 넘어간다. 그런데 내가 그 시간을 아주 잠깐처럼 느껴왔다는 사실에 새삼 놀랐다.

나는 밤에 아이를 재워놓고 다른 아이들의 엄마표 외국어나 육아일기를 볼 때가 많았다. 할 일은 쌓여 있는데 이것저것 보고 나면 어느새 밤 12시는 기본이다. 그러면 그제야 '아이고 늦었네! 시간이 벌써 이렇게 흘렀나?' 싶다. 차라리 그 시간에 내 독서를 하거나 아이와 놀아줄 거리를 준비하거나 아이와 책 세 권을 더 읽을 걸 그랬다 싶다.

요즘 같은 정보 홍수의 시대에는 정보 수집보다는 수많은 정보 사이에서 나만의 생각과 콘텐츠를 갖고 살아가기 위한 노력이 훨씬 더 필요하고 중요하다. 정보에 에너지를 뺏기지 말고 현실의 나를 잊지 않고 내 삶에 더욱 집중할 시간이 필요하다.

이를 위해 나는 우선 아이와 함께 있을 때는 스마트폰을 끄기로 했다. 아이와 있다가도 무의식중에 손이 어느새 스마트폰에 가 있는 것을 자주 느꼈던 나는 아예 저녁시간에는 꺼두거나 진동으로 바꿔놓고 안방 서랍에 넣어두었다. 잠깐이지만 스마트폰에 가 있는 내 눈을 아이에게로 돌려 아이와 눈 맞추고 노는 시간을 10분이라도 늘렸다. 아이에게 집중할 수 있는 시간이 늘었고 나는 덜 피곤해졌다. 그 시간에 잡다한 정보 검색이나 정보 수집이 아닌 내 하루에 집중하고 있다는 생각에 하루가 더 소중해진 느낌이 들었다. 또 아이와 계획했던 엄마표 중국어를 그날그날 미루지 않고 할 수 있었다.

다음으로 나는 다른 엄마들의 엄마표 방법을 더 이상 많이 찾아보지 않기로 했다. 내 경우 중국어는 꿰뚫고 있으니 중국어보다는 엄마표 영어에 관해 검색할 때가 많았는데 아무것도 모를 때는 도움이 되는 것 같았지만 일정 기간이 지나면서 비슷한 정보가 너무 겹치거나 이미 알고 있는 내용이 많다는 것을 느꼈다. 지금 내 아이에게 필요 없거나 이미 알고 있는 내용이라면 굳이 찾아볼 필요가 없다. 더 중요한 건 내 아이에게 현재 필요한 한두 가지 방법을 매일 실천하고 있는가일 테니 말이다.

쓸데없는 정보를 줄이면 여유가 생긴다. 머리를 식힐 시간의 여유, 아이에게 한 번 더 미소 지을 수 있는 마음의 여유. 복잡한 생각이 단순해지고 질서가 잡혀 오늘 해야 할 일이 분명해지고 실천으로 옮길 수 있는 원동력이 생긴다.

지금 아이에게 필요한 한두 가지 방법을 정했는가? 그렇다면 당분간 정보 검색을 딱 끊고 실천을 하자. 한두 달 뒤 실천이 무르익어 무언가 열매를 맺고 한 단계 높은 수준의 계획이 필요할 때쯤 검색을 해서 다시 좋은 방법을 알아보기로 하자. 정보의 홍수에서 헤매지 말고 내 하루에 집중하고 내 아이에게 집중하자.

실천이 습관이 되는 3가지 방법

종이계획표

종이에 일주일이나 10일 혹은 한 달 계획을 적어 잘 보이는 곳에 붙여 두고 매일 표시를 해보자(나는 일주일은 너무 짧고 한 달은 길게 느껴져서 10일 계획표를 세 장으로 만들어 한 달을 채웠다. 계획은 한 달 내내 거의 같았지만 한 달이란 기간이 나에게 너무 길게 느껴져 성취욕이 조금 떨어졌기 때문이다. 10일은 버티기도 쉽고 잘 못 지켰다 해도 새로운 마음으로 또 10일을 시작할 수 있으니 실망감에 빠지지 않고 오뚝이처럼 다시 진행할 수 있었다).

아이가 너무 어리다면 엄마가 계획을 세우고, 계획을 세울 수 있는 나이라면 엄마와 아이가 함께 계획을 세워보도록 한다. 엄마 혼자 계획을 세운 경우엔 실행 여부를 엄마 혼자 체크하면 되고 아이와 함께 세웠다면 아이가 직접 실행리스트에 체크하거나 스티커를 붙이거나 스탬프를 찍도록 해서 아이도 성취감을 느낄 수 있도록 한다. 그리고 마지막에는 작은 선물이나 원하는 소원을 들어주는 포상을 하면 효과가 있다.

나는 두 가지 방법을 적절히 섞었다. 흘려듣기나 단어카드 놀이는 내가 직접 틀어주거나 카드를 준비해야 해서 내가 계획표를 세워 체크를 했고, 매일 중국어 책을 듣고 따라 읽기는 아이와 알맞은 권수를 정해 아이 스스로 소리펜을 들고 따라 읽은 후 직접 스탬프를 찍도록 했다. 함께 참여하고 진행한다는 면에서 아이가 직접 계획부터 실행 체크까지 함께하는 것이 엄마의 일방적인 계획과 지시보다 더욱 의미가 있다.

앱, 알람

밖에서 일을 하거나 주말에 시댁에 가거나 해서 집에 붙어 있는 날이 적을 때면 종이계획표가 불편할 때가 있다. 그래서 나는 상황에 따라 앱을 적절히 활용했다. 내가 오랜 기간 잘 애용한 앱은 '쉬운 습관'이다. 계획을 세워 숫자나 문자로 그 결과를 기록하면 된다. 숫자로 기록하면 한 달 평균 시간이나 읽은 책의 권수를 알 수 있고, 문자로 기록하면 그때의 특이사항이나 책의 제목, 감정, 들었던 생각 등을 간단하게나마 기록할 수 있다. 또 백분율로 한 달 실행률을 표시해주기 때문에 어떤 계획을 실행에 옮겼고 어떤 걸 못했는지 정확하게 알 수 있고, 월별 기록을 날짜별로 한눈에 볼 수 있어 한 달의 흐름을 쉽게 살펴볼 수 있다.

앱을 이용하다 보면 단점도 있는데, 스마트폰을 자주 들여다봐야 한다는 점과 눈에 띄는 종이계획표와 달리 앱은 열어보지 않으면 깜빡하기 쉽고 무슨 계획이 있었는지 잊어버릴 수 있다는 점이다.

이를 보완하는 방법으로, 만약 해야 할 일 중에 자꾸 까먹는 일이 있다면 휴대전화 알람을 설정해보길 권한다. 예를 들어 나는 딸아이와 단어카드를 보려는 계획이 자꾸 틀어져 알람을 이용했다. 집안일 하랴, 첫째 한글 봐주랴, 중국어 책 읽어주랴, 이런 여러 가지 이유로 아직 어린 둘째 아이에 대한 계획은 뒷전으로 밀리기 일쑤였다. 그래서 특별히 둘째 아이 관련 계획은 알람을 맞춰두었다. 알람 덕분에 설거지를 하거나 다른 일을 하다가도 일단 우선적으로 둘째 아이를 봐주게 되니 계획한 일을 매일 할 수 있게 되었다.

로봇이나 기계가 아닌 사람이기에 우리는 계획한 대로 모든 일을 척척 다 해낼 수는 없다. 계획과 생각 그대로 100퍼센트 실천에 옮기는 사람이 과연 얼마나 되겠는가. 대부분의 사람은 계획들 중에 지키지 못하는 것이 더 많고 작심삼일로 끝나는 경우가 허다하다. 그럼에도 불구하고 우리는 늘 계획을 세우고 또 지키려고 애쓴다.

언젠가 『작심삼일 다이어리』라는 책을 본 적이 있다. 『작심삼일 다이어

휴대전화로 중국어 공부 계획 세우기

리』는 '3일만 실천해도 대단하다'며 '3일을 지켰으면 30일도 해낼 수 있다'고 말한다. 나도 같은 생각이다. 3일 실천하고 다음 날 못했더라도 아예 시작도 안 한 것보다는 백 배 낫다. 3일간 실천한 대로 한 번 더 3일을 실천하고 또 힘내서 3일을 견디면 어느새 1년 365일 중 300일은 실행에 옮기게 될 것이다. 작심삼일이면 어떠리. 3일 후의 모습을 기대하고 3일을 100번 지켜 300일을 성공한 날의 변화를 기대해보자.

워킹맘의 실천 방법

엄마 공부, 하루 15분

전업맘이든 워킹맘이든 매일 의지를 갖고 지속적으로 실천하기가 어렵기는 매한가지. 다만 워킹맘은 다른 이유 때문이 아니라 시간이 나지 않아 실천을 못하는 경우가 많다. 주중에는 일과 육아, 살림으로 엉덩이 붙일 새가 없고 주말엔 주중에 아이와 못 놀아준 것이 미안해서라도 아이들과 의미 있는 시간을 보내기 위해 애쓰다 보면 일주일이 눈 깜짝할 사이에 지나가버린다. 그러니까 워킹맘은 주중엔 일이 바쁘고 주말엔 주중에 못 다한 엄마 역할을 더 열심히 해야 하기에 엄마표 중국어에도, 엄마의 중국어 공부에도 할애할 수 있는 절대적 시간이 부족하다.

이런 워킹맘들은 한 번에 1시간씩 느긋하게 앉아서 뭔가를 한다는 것이 절대 불가능하다. 차라리 하루 15분씩 매일 하는 것이 훨씬 낫다. 15분이 매일 모이면 한 달에 7시간 반이 되고 1년이면 90시간이 넘는다. 15분이라고 절대 얕볼 일이 아니다. 워킹맘이 90시간을 확보해 공부한다는 것! 알다시피 정말 어려운 일이기 때문이다.

정리정돈된 책상에 앉아 커피 한 잔 마시며 여유 있게 하려고 하지 말고 출퇴근 길이든 점심시간이든 화장실에서든 언제 어디서든 하루 15분은 꼭 하겠다는 자세만 있으면 중국어 공부를 매일 실천할 수 있다.

독학이나 아이의 책으로 공부하는 방식보다는 이동 시간을 줄여야 하므로 학원이나 인터넷 강의 혹은 전화중국어로 중국어를 배우는 방법이 좋다. 강의 교재든 아이의 동화책이든 커다란 책을 그대로 가지고 다니는 것보다는 작은 크기의 수첩을 하나 정도 준비해 암기할 단어나 문장을 정리해 수시로 보는 방법이 낫다. 책에 있는 내용을 수첩에 옮겨 적는 과정에서 한자 공부도 되고 단어를 수첩에 정리하는 가운데 머리에도 정리가 된다. 크기가 작아 휴대하며 수시로 꺼내 읽어보기에도 편리하다.

엄마표 중국어, 온라인 스터디로 실천력을 높이자

인터넷 카페의 엄마표 중국어 스터디에 참여하면 정해진 기간 내에 해야 하는 약간의 강제력이 생기기 때문에 오늘 힘들다며 내일로 미루고 싶었던 마음을 다잡을 수 있고 실천력도 높일 수 있다. 또 혼자서 마련하기 어려운 엄마표 중국어 활동지나 해설본 등을 제공받을 수 있기 때문에 엄마표 중국어를 한결 수월하게 진행할 수 있다.

아이는 다른 친구들의 영상이나 모습에 자극 받아 의욕을 보일 수 있고 엄마는 다른 엄마의 진행기나 노하우를 보며 많은 것을 배울 수도 있다. 게다가 스터디 모임에서는 엄마 스스로 만들거나 구하기 힘든 활동지 같은 것을 제공해주기도 한다. 무엇보다 가장 큰 장점은 다른 엄마들과 함께 응원하고 응원받으며 서로 힘을 얻을 수 있다는 점이다. 혼자서 엄마표 중국어를 진행하는 데 어려움이 있다면 스터디 모임을 통해 다른 엄마들과 함께하며 힘을 내보자.

　앞에서 나는 비가 오나 눈이 오나 바람이 부나 매일 조금이라도 꼭 실천해야 한다고 강조했다. 그러나 그 와중에도 엄마표 중국어를 휴업해야 하는 날이 있으니 바로 '엄마의 컨디션이 꽝!'인 날이다. 아무리 애써도 기분이 회복되지 않고 마냥 가라앉는 날이 있다면 그날은 엄마표 중국어의 문을 닫아야 하는 날이다. 화가 나고 예민해지고 날카로워지기만 할 뿐 아이에게 부드러운 미소를 지어줄 수 없는 날이라면 그날은 엄마표 중국어를 쉬어야 하는 날이다. 아이와 책상에 이미 앉았더라도 자꾸만 치미는 화를 꾹꾹 눌러 담을 수 없을 만큼 폭발하기 직전이라면 그날은 그냥 책을 덮어야 하는 날이다. 그래도 하겠다고 애쓰다가 버럭 소리를 지르며 아이에게 날카로운 말을 던지고 꿀밤 한 대 날릴 거라면 아예 쉬는 편이 낫다. 그런 날에는 편히 쉬면서 내일을 위한 컨디션을 조절하자. 차라리 아이와 누워 재미있는 애니메이션을 한 편 보자. 눈을 감고 쉴 수 있는 시간을 갖자. 내일부터는 또 다시 시작할 수 있는 힘이 솟을 것이다.

Chapter 3

엄마표 중국어를 하며
중국어 자격증까지

아이들이 처음과 달리 흥미도가 떨어졌거나 실력이 제자리인 것처럼 느껴진다면 자격증에 도전해 자신감을 회복하고 실력을 쌓을 수 있는 기회를 마련하는 것도 좋은 방법이다. 또한 엄마 자신도 중국어에 관심이 생겼다면 중국어 능력시험이나 중국어 말하기시험에 도전해볼 것을 권한다. 많은 엄마들은 육아를 하는 동안 자신의 꿈을 미뤄두거나 포기하는 경우가 많다. 만약 엄마표 중국어를 하는 동안 아이의 중국어뿐 아니라 엄마의 자기계발까지 된다면 혹시 아는가? 아이 때문에 시작한 중국어 학습이 엄마에게 새로운 기회로 다가올지. 중국어 자격증시험과 사교육 정보를 수록하니 도움이 되길 바란다.

엄마의 중국어 실력 향상에 도전해보자

나는 엄마들이 엄마표 중국어를 통해 아이의 중국어 능력은 물론이요, 엄마 자신의 능력도 함께 개발할 수 있기를 진심으로 바란다. 임신과 출산을 겪으면서 엄마들은 많은 것을 포기한다. 자신의 꿈이나 하고 싶은 일, 사고 싶은 것은 언제나 우선순위에서 밀리기 마련이고 늘 밀린 숙제처럼 저 뒤에 쌓여갈 뿐 실행에 옮기기가 쉽지 않다.

나 역시 임신과 출산이 내 인생에 이렇게 큰 변화를 가져올지 꿈에도 생각하지 못한 채 첫째 아이 출산과 동시에 대학원에 등록했다가 육아와 학업의 병행이 얼마나 어려운지 뜨거운 맛을 보고서야 깨달았다. 엄마가 되는 순간 지금까지 내가 살아왔던 모든 것의 대부분을 내려놓고 아이에게 초점을 맞춰 살아가야 한다는 사실을……. 나의 24시간이 나를 위한 시간이 아니라 대부분 아이와 가족을 위한 시간이 될 수밖에 없다는 사실을……. 처음부터 안 것이 아니라 두 아이를 키우는 과정에서 하나하나 깨달았다. 그 사실들을 인정하고 내려놓기까지 마음고생도 했고 눈물을 흘리기도 했다.

그러면서도 나는 나를 완전히 내려놓고 싶지 않았다. 그래서 아이가 자는 시간에 할 수 있는 일이나 집에서도 할 수 있는 일을 찾아서 조금씩이라도 나를 붙들려고 애썼다. 지금 주어진 상황에서 어떻게 나를 발전시킬 수 있을까? 고민 끝에 아이가 자는 시간에 집에서 노트북을 이용해 화상 강의로 중국어를 가르칠 수 있다는 생각을 떠올렸다. 또한 나와 같은 엄마들을 위한 중국어 발음 과정을 만들어 온라인 혹은 SNS로 지도, 교정하는 방법을 생각해냈다. 아이가 어린이집에 다니기 시작하면서부터는 낮 시간을 활용해 초등학교 수업을 하거나 특강, 동영상 강의 등의 요청에 응할 수 있었고, 집에서 짬나는 대로 글을 써서 유아 중국어 관련 책도 출간할 수 있게 되었다.

물론 내가 한 일이 결코 대단하다고는 생각하지 않는다. 내가 정말 스스로를 칭찬하고 상을 주고 싶은 이유는 내가 한 일의 결과물이 대단해서가 아니라 나에게 주어진 엄마라는 상황에서도 최선을 다해 나를 챙겼고 나 자신을 마냥 내버려두지 않았기 때문이다.

내 블로그에서 가끔 안부나 댓글, 쪽지로 감사 인사를 받을 때가 있다. 얼굴 한 번 본 적 없고 전화통화도 해본 적 없는 분들이지만 중국어를 배우면서 혹은 엄마표 중국어를 하면서 자기 자신이 성장했다며 고마움을 전해 오신다. 사실 나는 별로 해드린 일이 없다. 남편이 중국에 주재원으로 가게 되어 함께 간다기에 "기왕 갈 거라면 우울하게 집 안에만 있지 말고 밖으로 나가 열심히 중국어를 배워 오세요"라고 이야기했을 뿐이다. 엄마표 중국어를 하면서 중국어에 흥미를 붙였다고 하기에 "그러면 중국어 스피킹 관련 자격증도 따보세요. 준비하는 동안 말하기 실력도 쌓이고 자기계발도 되고 동기부여도 될 거예요"라고 답글을 달았을 뿐이다. "중국어 전공자는 아니지만 엄마표 중국어를 하면서 내 아이 외에 다른 아이들도 가르치는 어린이 중국어지도사가 되고 싶어졌어요"라는 쪽지가 왔기에 "그러면 방송통신대에 진학하셔서 중국어를 제대로 배워보시는 건 어때요?"라고 말씀드렸더니, 정말 방송통신대에서 중국어를 전공하고 어린이들을 가르치고 있다며 몇 년 후 안부를 전해오신 분도 있었다. 엄마표 중국어를 통해 아이뿐 아니라 엄마 자신도 성장했다는 사실에 너무나 감동적이었다.

이렇게 엄마표 중국어를 하면 아이의 중국어 실력과 함께 따라오는 선물이 있다. 바로 엄마의 중국어 실력 향상과 엄마의 성장.

만약 중국어를 배우는 게 재미있다면 목표를 정해 달려보는 것은 어떨까? 대표적인 중국어 능력시험(HSK)에 낮은 급수부터 도전해보거나 말하기 실력을 더 쌓고 싶다면 중국어 말하기시험(TSC)을 준비해보길 권한다. 특히 TSC는 시험 유형과 범위가 상당히 실용적이어서 시험을 준비하면서 말하기 능력을 크게 향상시킬 수 있다.

중국어 자격증시험 관련 정보와 중국어 사교육

중국어 실력은 껑충! 자신감은 쑥쑥! 중국어 자격증 도전기

중국어 자격증이 꼭 필요한 경우가 아니라면 자격증을 위한 중국어 공부는 말리고 싶지만, 중국어를 배운 기간이 1년, 2년 넘어가면서 아이들이 처음과 달리 흥미도가 떨어졌거나 실력이 제자리인 것처럼 느껴진다면 자격증에 도전해 자신감을 회복하고 실력을 쌓을 수 있는 기회를 마련하는 것도 좋은 방법이다. 자격증을 취득함으로써 자신감을 되찾고 중국어를 더욱 좋아하게 될 수도 있고 자격증을 준비하는 과정에서 진지한 학습이 이루어져 실력이 껑충 뛸 수도 있기 때문이다. 다만, 이런 효과를 거두기 위해서는 염두에 둘 것이 있는데 바로 '아이의 실력에 맞거나 조금 낮은 수준의 시험에 먼저 도전해야 한다'는 것이다. 자격증 취득의 주된 목적이 아이의 자신감과 흥미를 높이기 위한 것이기에 자격증 급수에 연연하지 말고 아이의 도전 과정과 경험 자체에 주목해야 한다.

중국어 자격증시험에는 다양한 종류가 있다. 그중 중국 정부 공인 교육부 산하 사업조직인 국가한판(國家漢辦)에서 주관하는 가장 보편적이고 공신력 있는 시험 두 가지를 소개한다.

HSK(Hanyu Shuiping Kaoshi)

HSK는 현재 세계 112개 국가 860개 지역에서 시행되고 있는 가장 보편적인 중국어 시험으로 汉语水平考试의 한어병음표기(Hanyu Shuiping Kaoshi)의 머리글자로 영문으로는 Chinese Proficiency Test이다. 중국 정부의 국제 중국어 능력 표준화시험으로서 중국어가 모국어가 아닌 사람의 중국어 능력을 평가하기 위해 만들어진 시험이다. 생활, 학습, 업무 등 실생활에서의 중국어 운용 능력을 중점적으로 평가한다. HSK는 6급, 5급, 4급, 3급과 중국어 입문자를 위한 2급, 1급이 있으며 해당 등급에 개별적으로 응시할 수 있다.

HSK는 YCT보다 수준이 높아서 초등 저학년에게는 다소 어려울 수 있으므로 초등 저학년 아이들의 경우 YCT로 경험을 쌓은 뒤 도전해보길 권한다.

YCT(Youth Chinese Test)

국제 중국어 능력 표준화시험이며, 중국어가 모국어가 아닌 청소년들이 일상생활과 학습에서 중국어를 활용하는 능력을 평가하는 시험이다. 필기시험에는 YCT 1~4급이 있으며 회화시험에는 YCT 회화 초·중급이 있다. HSK에 비해 난이도가 낮고 문제유형이 복잡하지 않아 초등학교 저학년 아이들도 충분히 도전할 만하다.

시험일정과 정보를 확인할 수 있는 사이트

http://www.hsk.or.kr/

http://www.hsk-korea.co.kr/main/main.aspx

준비 방법

HSK와 YCT 시험은 급수를 선택하여 응시해야 하기 때문에 먼저 아이의 수준에 맞는 급수를 정해야 한다. 두 시험 모두 실생활에서의 중국어 운용 능력을 평가하지만 문제유형을 파악하고 관련 어휘를 정리하는 과정이 필요하다. 시중에 급수별 교재가 많이 있는데 HSK의 경우 문제의 난이도나 유형이 어렵게 느껴질 수 있으므로 아이들 눈높이에 맞게 설명된 주니어용 교재를 선택하도록 하자.

더욱 높이 도약하기 위한 사교육

아이의 중국어 실력이 엄마의 실력을 뛰어넘었을 때 엄마는 어떻게 해야 할까? 아이의 연령이 높아져 엄마표로 진행하기에 무리가 따른다면 어떻게 해야 할까? 그쯤 되면 좀 더 전문적으로 배울 수 있는 경로를 찾아봐야 할 것이다. 전문교육을 시작할 시기는 각기 다를 수 있으나, 어쨌든 언젠가는 엄마의 테두리를 벗어나 스스로 도약해야 하는 시기가 반드시 온다. 그때 엄마의 선택에 도움이 될 수 있도록 간략하게 몇 가지 방법을 소개하고자 한다.

전화, 화상 중국어 수업

전화, 화상 중국어 수업은 굳이 학원에 가지 않아도 언제 어디서든 수업을 받을 수 있다는 장점이 있다. 특히 요즘에는 스마트폰 앱을 통해 스카이프 화상수업을 받을 수 있기 때문에 여행 중이나 차량이동 중에도 수업이 가능하여 공간과 시간의 제약을 받지 않는 것이 큰 장점이다.

수업의 시간과 요일을 선택할 수 있으며 다른 교습 방식에 비해 가격도 저렴한 편이다. 원어민 선생님과 1대 1로 통화하기 때문에 말할 기회가 많아 중국어 말하기에 대한 두려움을 없애고 듣기, 말하기 실력을 키우는 데 큰 도움이 된다. 그러나 쓰기 영역은 선생님의 지도나 체크가 전혀 안 되는 시스템이기 때문에 듣기, 말하기, 읽기, 쓰기의 불균형이 생기기 쉽다. 때문에 읽기, 쓰기에 대한 엄마의 관심과 지도가 요구된다.

전화, 화상 중국어 수업은 대면하지 않고 전화나 화상을 통해 듣고 말하기 위주로 진행되므로 수업 분위기가 전반적으로 느슨해지기가 쉽다. 시간이 흐를수록 해이해지거나 수업시간 내내 수다로 채워질 가능성이 높기 때문에 엄마가 끊임없이 관심을 가져주고 선생님의 코멘트를 체크하지 않으면 수업 효과가 미미해질 수 있다.

또한 나이가 너무 어리거나 중국어 실력이 아주 기초단계인 경우 원활한 수업 진행이 어려울 수 있다. 너무 어리다면 단순히 듣고 말하는 수업 방식에 금방 흥미를 잃을 수 있다. 연령이 낮을수록 직접 보고 만지고 놀이하며 진행하는 수업에 훨씬 재미를 느끼기 때문이다.

중국어에 대한 기초가 너무 없는 경우에도 제대로 할 수 있는 말이 별로 없어, 원어민과 대화할 수 있다는 게 큰 메리트인 전화중국어의 장점을 제대로 살리기가 어렵다. 하나하나 한국어로 설명해서 이해하고 단어를 암기하는 수준이라면 차라리 한국인 선생님이나 엄마와 공부하는 편이 낫다.

학습지

학습지는 선생님이 직접 방문하기 때문에 집에서 편안하게 수업을 받을 수 있고 비용 면에서도 부담스럽지 않은 경우가 많아서 가볍게 중국어를 시작할 때 많이 이용하는 편이다.

중국어 비전공자인 학습지 방문교사가 중국어 발음이나 간단한 중국어를 배운 뒤 중국어를 지도하는 경우도 있는데 이런 경우 장기적으로 높은 수준까지 지도가 가능할지는 의문이다. 따라서 학습지로 중국어를 배울 때는 방문교사가 원어민이거나 전공자인지 확인하는 것이 중요하다.

학습지에 따라 조금씩 다르지만 보통의 경우 일주일에 한 번 10분 정도 수업을 하기 때문에 중국어가 어떤 언어인지 맛보기에는 괜찮지만 수업량이 절대적으로 부족하다. 일주일 1회 10분은 중국어 실력을 향상시키기에는 충분하지 않은 시간이다. 비용을 더 지불해서라도 30분 정도의 수업 시간을 확보하는 것이 좋다. 차이홍 중국어의 경우 원어민 방문교사를 채용하며 30분 단위로 수업이 이루어지나 타 학습지보다 비용이 배 이상 비싼 편이다. 만약 시간과 공간의 편의성과 1대 1 대면수업을 원해서 학습지를 선택하는 경우라면 중국어 전문 학습지인 차이홍을 추천한다.

중국어 학원

중국어 전공자나 원어민 선생님과 같은 전문가에게 체계적인 지도를 받을 수 있다. 학원에서는 대부분 듣기, 말하기, 읽기, 쓰기 4개 영역을 골고루 지도하기 때문에 균형 잡힌 중국어 실력을 갖추는 데 도움이 된다. 주 3회 혹은 주 5회 한 시간씩 수업을 진행하는 경우가 많아 학습지나 전화중국어 등에 비해 학습 강도가 높은 편이다.

다만 여러 인원이 함께 듣는 강의식 수업의 경우 발화 기회가 적을 수 있으며 아이가 내성적이고 수줍음이 많다면 그마저도 말하는 시간이 길지 않을 가능성이 높다. 따라서 아이의 성향을 잘 파악하고 학원을 선택해야 한다. 만약 아이가 경쟁하는 것을 즐기고 다른 사람 앞에서 발표하는 것을 좋아하거나 혼자 받는 수업보다 그룹으로 이루어지는 수업을 더 재미있어하는 성향이라면 학습지보다 학원 수업을 훨씬 흥미롭게 느낄 것이다.

강의 형식 학원의 경우 연령별, 수준별로 나누는 맞춤 수업이 어려울 수 있지만 교사의 강의와 직접 참여하는 활동으로 재미있게 수업을 받을 수 있고 그룹 내의 분위기에 따라 좋은 자극을 받기도 한다.

선생님이 강의하고 다수의 아이들이 강의를 듣는 강의식 수업이 아닌 스스로 학습한 뒤 선생님께 체크받는 자기주도식 학원도 있다. 이 경우 교사의 강의를 들으며 따라가기보다 스스로 학습하고 지도받는 형식이기 때문에 초등 저학년 아이들에게는 다소 지루할 수 있고 학습 동기가 충분하지 않으면 지속하기가 어렵다. 하지만 아이들 저마다의 수준과 속도에 걸맞게 조절할 수 있다는 장점이 있다.

전문 과외

아이의 수준과 취약 부분을 파악하여 부족한 부분을 채워나가며 보다 체계적으로 학습할 수 있다. 또 아이의 연령과 학습 성향을 고려하여 수업 방식을 달리할 수도 있어 일방적인 커리큘럼이 아닌 내 아이에게 맞춘 수업이 가능하다.

과외의 경우 전적으로 선생님의 실력과 역량에 따라 수업의 질이 결정된다. 중국어 실력은 물론이고 아이를 잘 다룰 줄 알고 교습 경험이 풍부한 선생님이 좋다.

원어민 선생님은 정확한 발음을 구사하고 수업을 100퍼센트 원어로 자연스럽게 진행할 수 있다는 장점이 있다. 그러나 중국인이라도 표준 중국어가 아닌 사투리를 구사하거나 교습 기술이 부족할 수 있다는 점도 염두에 두어야 한다. 한국인 선생님이든 중국인 선생님이든 중요한 것은 교습 경험과 전문성이기 때문에 과외를 시작하기 전 샘플 수업을 받아보거나 충분한 상담을 받아보길 권한다.

나나샘의 말문이 빵 터지는
엄마표 중국어 따라하기

1판 1쇄 2018년 1월 5일

지은이 | 김노엘

펴낸이 | 정연금
펴낸곳 | 멘토르
등 록 | 2004년 12월 30일 제302-2004-00081호
주 소 | 서울시 광진구 능동로 331 2층
전 화 | 02-706-0911
팩 스 | 02-706-0913
이메일 | mentorbooks@naver.com

ISBN 978-89-6305-781-1   13590